図 2-6　警告灯の記号と点灯時

○ブレーキ警告灯
駐車時に使用したパーキングブレーキが完全に解除されていないときやブレーキ液が不足したときなどに点灯します。

○半ドア警告灯
どこかのドアが完全に閉まっていないときに点灯します。

○シートベルト警告灯
乗員がシートベルトを正しく装着していないときに点灯します。

○充電警告灯
充電系統の異常が発生し、充電が正常に行われていないときに点灯します。

○油圧警告灯
エンジン内のオイルの油圧が下がったときに点灯します。

○エンジン警告灯
排気系統や吸気系統などエンジンに関連する機構に異常があるときに点灯します。

○水温警告灯
エンジンの冷却水（クーラント）の温度が高いときに点灯します。

○ABS等警告灯
ABSやブレーキアシストシステムなどに異常があるときに点灯します。

JN065004

i

図 4-6　後退時の進行方向の見え方

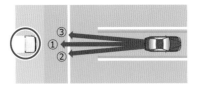

①のとき
○右窓からの見え方　　○車内からの見え方

後ろのトラックが右窓からは見えず、車内からは真後ろに見える。

②のとき
○右窓からの見え方　　○車内からの見え方

後ろのトラックが右窓からは見えず、車内からは右寄りに見える。

③のとき
○右窓からの見え方　　○車内からの見え方

後ろのトラックが右窓からも見え、車内からは左寄りに見える。

図 4-7　進行方向修正時の姿勢

①右窓から

右後方が確認でき、目標とのズレを把握しやすい。

②車内から

後方全体が確認でき、障害物の有無を把握しやすい。

第2章　交通法規

図 1-1 信号の種類と意味

信号の種類		信号の意味
青色の灯火		直進、左折、右折することができます。
青色灯火の矢印		矢印の方向に進むことができます。 右向きの矢印の場合には、転回することができます。
黄色の灯火		停止位置から先へ進んではいけません。 しかし、黄色の灯火に変わったときに停止位置に近づいていて、安全に停止することができない場合は、そのまま進むことができます。
黄色灯火の点滅		他の交通に注意して進むことができます。
赤色の灯火		停止位置から先へ進んではいけません。
赤色灯火の点滅		停止位置で一時停止し、安全を確認した後に進むことができます。

図 1-3 左折可の標示板と一方通行の標識

①左折可の標示板　　②一方通行の標識

図 2-1 歩道・路側帯と車道の区別のある道路

①歩道と車道の区別のある道路　　②路側帯と車道の区別のある道路

図 2-3 車両通行帯のない道路・ある道路

①車両通行帯のない道路　　　　②車両通行帯のある道路

図 2-4 交通状況による進入禁止の場所

①交差点　　　　　　　　　　　②停止禁止部分

図1-4 標識・標示の種類と意味

①規制標識

通行止め	車両通行止め	車両進入禁止	二輪の自動車以外の自動車通行止め	大型貨物自動車等通行止め	大型乗用自動車等通行止め
二輪の自動車・原動機付き自転車通行止め	自転車以外の軽車両通行止め	自転車通行止め	車両（組合せ）通行止め	大型自動二輪及び普通自動二輪車二人のみ通行禁止	指定方向外進行禁止
指定方向外進行禁止	指定方向外進行禁止	指定方向外進行禁止	指定方向外進行禁止	指定方向外進行禁止	車両横断禁止
転回禁止	追越しのための右側部分はみ出し通行禁止	駐停車禁止	駐車禁止	時間制限駐車区間	危険物積載車両通行止め
重量制限	高さ制限	最大幅	最高速度	最低速度	自動車専用
自転車専用	自転車及び歩行者専用	歩行者専用	一方通行	車両通行区分	特定の種類の車両の通行区分
けん引自動車の高速自動車国道通行区分	専用通行帯	路線バス等優先通行帯	進行方向別通行区分	進行方向別通行区分	進行方向別通行区分
原動機付き自転車の右折方法（二段階）	原動機付き自転車の右折方法（小回り）	警笛鳴らせ	徐行	一時停止	歩行者通行止め

②指示標識

駐車可	停車可	優先道路	中央線	横断歩道	横断歩道

安全地帯

③警戒標識

+形道路交差点あり	T形道路交差点あり	Y形道路交差点あり	ロータリーあり	右(左)方屈曲あり	右(左)方屈折あり

右(左)方背向屈折あり	踏切あり	学校、幼稚園、保育所等あり	すべりやすい	合流交通あり	車線数減少

幅員減少	二方向交通	上り急こう配あり	下り急こう配あり	道路工事中	横風注意

④補助標識

距離・区域	日・時間	車の種類		駐車余地
この先100m / ここから50m / 市内全域	日曜・休日を除く / 8-20	大 貨 / 原付を除く	積2t / 標章車専用	駐車余地6m
駐車時間制限	始まり	区間内・区域内	終わり	通学路
パーキング・メーター表示時刻まで / パーキング・チケット表示時刻まで	ここから / 区域ここから	区域内	ここまで / 区域ここまで	通学路
追越し禁止	前方優先道路	横風注意	方向	始点	終点
追越し禁止	前方優先道路	横風注意		始点	終点

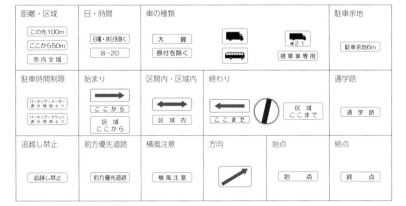

⑤規制標示

1. 転回禁止
車は転回してはいけません。数字は禁止の時間を示しています。

2. 追越しのための右側部分はみ出し通行禁止

2-1
AおよびBの部分を通行する車は、いずれも追い越しのため道路の右側部分にはみ出して通行してはいけません。

2-2
2-1と同じ意味を示しています。

2-3
Aの部分を通行する車は、追い越しのため道路の右側部分を通行してはいけません。

3. 進路変更禁止

3-1
Aの車両通行帯を通行する車はBへ、Bの車両通行帯を通行する車はAへ進路を変えてはいけません。

3-2
Bの車両通行帯を通行する車は、Aへ進路を変えてはいけません。

※図の右端の白線が、道路の中央線を示している場合のことを言います。

4. 駐停車禁止   ## 5. 駐車禁止

6. 最高速度
車と路面電車は、表示された速度を超えて運転してはいけません。
原動機付き自転車と、けん引自動車以外で車をけん引する自動車は、法定速度よりも高い速度が表示されていても法定速度に従います。

7. 立ち入り禁止部分
車は、この表示の中に入ってはいけません。

8. 停止禁止部分
車と路面電車は、前方の状況により、この表示の中で停止するおそれがあるときは、この中に入ってはいけません。

9. 路側帯

9-1
歩行者と軽車両は通行できます。

9-2
路側帯の幅が0.75mを超える場合は、車は路側帯内に入り、車の左側に0.75m以上の余地を空けて駐車することができます。

10. 駐停車禁止路側帯

10-1
歩行者と軽車両は通行できます。

10-2
車は、路側帯内に入って駐停車することができません。

11. 歩行者用路側帯

11-1
歩行者のみ通行できます。

11-2
車は、路側帯内に入って駐停車することができません。

12. 車両通行帯

12-1 高速自動車国道の本線車道以外の道路の区間に設けられる車両通行帯
①ペイントがそれに類するもの

②道路びょう、石かそれに類するもの

12-2 高速自動車国道の本線車道に設けられる車両通行帯

13. 優先本線車道
この表示がある場合、Aが優先本線車道であることを示しています。

14. 車両通行区分
車の種類によって通行位置が指定された車両通行帯を示しています。

15. 特定種類の車両通行区分
大型貨物自動車と特定中型貨物自動車、大型特殊自動車は、左から一番目の車両通行帯を通行しなければなりません。

16. 専用通行帯
表示された車の専用通行帯であることを示しています。

17. 路線バス等優先通行帯	19. 右左折の方法	21. 普通自転車の歩道通行可	22. 普通自転車の歩道通行部分
路線バスなどの優先通行帯であることを示しています。	車が交差点で右左折するときに、通行しなければならない部分を示しています。	普通自転車が歩道を通行できることを示しています。	普通自転車が歩道を通行でき、その場合の通行すべき部分を示しています。

19-1. 右折の方法　　　19-2. 左折の方法

18. 進行方向別通行区分	20. 環状交差点における左折等の方法	23. 終わり
車は、交差点で進行する方向に指定された車両通行帯を通行しなければなりません。	環状交差点で、車が左折、右折、直進、転回するときに、通行しなければならない部分を示しています。	規制標示が表示する交通規制区間の終わりを示しています。

●ラウンドアバウト

図 4-2　徐行すべき場所の例

①左右の見通しがきかない交差点　　②道路の曲がり角付近

図 4-3　徐行しなければならない場合の例

①歩行者などと安全な間隔がとれない場合　　②左折または右折する場合

図 5-2 標識の種類

①初心運転者標識（初心者マーク）　②高齢運転者標識（高齢者マーク）

③聴覚障がい者標識　④身体障がい者標識　⑤仮免許練習標識

仮免許
練習中

図 8-1 夜間の故障車の表示　**図 8-2** 非常電話　●電光掲示板

●スタンディングウェーブ現象　●ETC

図 11-2 蒸発現象　●前照灯

図 11-4 雨天時のマンホールの見え方　**図 11-5** 吹雪による視界低下　**図 11-6** 轍のある道路

 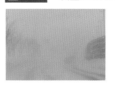 

Safe Driving Evaluation Test

安全運転能力検定
2級・3級・4級
公式テキスト

一般社団法人 安全運転推進協会 著

日本能率協会マネジメントセンター

本書の内容に関するお問い合わせについて

平素は日本能率協会マネジメントセンターの書籍をご利用いただき、ありがとうございます。

弊社では、皆様からのお問い合わせへ適切に対応させていただくため、以下①〜④のようにご案内いたしております。

①お問い合わせ前のご案内について

現在刊行している書籍において、すでに判明している追加・訂正情報を、弊社の下記 Web サイトでご案内しておりますのでご確認ください。

https://www.jmam.co.jp/pub/additional/

②ご質問いただく方法について

①をご覧いただきましても解決しなかった場合には、お手数ですが弊社 Web サイトの「お問い合わせフォーム」をご利用ください。ご利用の際はメールアドレスが必要となります。

https://www.jmam.co.jp/inquiry/form.php

なお、インターネットをご利用ではない場合は、郵便にて下記の宛先までお問い合わせください。電話、FAX でのご質問はお受けいたしておりません。
〈住所〉 〒103-6009　東京都中央区日本橋 2-7-1　東京日本橋タワー 9F
〈宛先〉 ㈱日本能率協会マネジメントセンター　出版事業本部　出版部

③回答について

回答は、ご質問いただいた方法によってご返事申し上げます。ご質問の内容によっては弊社での検証や、さらに外部へ問い合わせることがございますので、その場合にはお時間をいただきます。

④ご質問の内容について

おそれいりますが、本書の内容に無関係あるいは内容を超えた事柄、お尋ねの際に記述箇所を特定されないもの、読者固有の環境に起因する問題などのご質問にはお答えできません。資格・検定そのものや試験制度等に関する情報は、各運営団体へお問い合わせください。

また、著者・出版社のいずれも、本書のご利用に対して何らかの保証をするものではなく、本書をお使いの結果については責任を負いかねます。予めご了承ください。

■はじめに　～社会が抱える課題の解決のために～

　誰しも起こすつもりがなくても起こってしまうのが交通事故です。実は、この裏に安全な運転を「しているつもり」で繰り返す行動から形成される悪習慣が隠されているのです。たとえば、一時停止の指定がある交差点で止まっている自動車は５％にも満たないという調査結果があります。そして、その多くのドライバーは「止まったつもり」でいるのです。つまり、安全な運転を「しているつもり」の人は、「間違いなくしている」という行動に切り替えていく必要があります。

　また、意に反してでも起こってしまうと、当事者はもちろん取り巻く関係者にまで少なからずダメージを与えてしまうのが交通事故です。社会的信用の失墜や、機会の損失、経済的損失、場合によっては身体的機能の損失や命の損失など、失うものは多くあっても得られるものがまったくないといえるのが交通事故ではないでしょうか。安全運転をするということは、個人においても組織においても社会的信用や経済的生産性、からだや命などを守ることにほかならないのです。

　そこで、「安全な運転を知る」ことで一人ひとりの「安全運転能力」を高め、無事故・無違反の運転を行う手助けをする目的で本書を作成しました。本書で学習したあとは、「安全運転能力検定４級」「安全運転能力検定３級」「安全運転能力検定２級」にぜひチャレンジしてみてください。安全な運転に必要な知識を身につけたら、知識どおりの運転を実行しましょう。安全な運転の実行の繰り返しは、習慣として形成されます。安全運転推進協会は、安全な運転習慣を身につけた人が増えていくことで、一つでも多くの事故がなくなることを願っています。

一般社団法人 安全運転推進協会

目次

安全運転能力検定2級・3級・4級公式テキスト

第1章　運転技能

第2章　交通法規

第3章　運転行動

第4章 模擬問題

■安全運転能力検定の概要

　安全運転能力検定とは、安全運転力（安全な運転を実行できる力）を測定する検定です。4級から1級があり、それぞれの違いは**表1**のとおりです。

表1　安全運転能力検定の種類と内容

種類	内容	受検条件
4級	知識の検定（15問・選択式）	なし
3級	知識の検定（20問・選択式）	なし
2級	知識の検定（75問・選択式）	普通自動車運転免許取得
1級	運転の検定（指定条件下での運転）	安全運転能力検定2級合格

　各級で問われる内容は、**表2**のように分類されています。

　本テキストで「安全運転に必要な知識」を身につければ4級、3級、2級に合格することができます。そして、その知識どおりの運転ができれば1級に合格することができます。学習後は、ぜひ安全運転能力検定にチャレンジして、自分の安全運転力を確かめてみてください。

表2 安全運転能力検定の分類と内容

大分類	小分類	内容
運転技能	基本操作	運転姿勢のとり方、装置類の操作方法、乗り降りの方法　など
	ハンドル操作	ハンドルをどこで、どれくらい、どちらに操作するか　など
	速度調節	アクセル・ブレーキをどこで、どれくらい、どのように操作するか　など
	車両感覚	運転席からの見え方、車両誘導、車両構造　など
交通法規	標識・標示	道路標識・標示、信号　など
	走行規則	合図、速度、一時停止、通行位置、駐停車、優先関係　など
	一般規則	シートベルト、飲酒、携帯電話、保守メンテナンス　など
運転行動	前進	車間距離確保の方法、側方通過の方法、横断者への対応方法　など
	停止	信号のない交差点の通行方法、踏切の通行方法　など
	右折	右折の通行方法、右折の確認方法など
	左折	左折の通行方法、左折の確認方法など
	後退	後退の誘導方法、後退の確認方法など
	理論	交通事故の発生メカニズム、交通事故の発生要因、交通事故の特徴　など

■本書の構成と安全運転能力検定の出題分野の対応

本書の構成

大項目	中項目		小項目
運転技能	基礎技能		自動車の乗り降りと運転姿勢
			ミラーの調整
			シートベルトの装着
			自動車の分類
			運転装置の取り扱い
	応用技能		速度調節のし方と走行中の視野のとり方
			車両感覚の身につけ方
			後退時の死角
			後退時の姿勢
			後退時のハンドル操作
交通法規	信号・標識・標示		信号の種類と意味
			標識・標示の種類と意味
	走行規則	車両通行の原則	車道通行の原則と例外
			左側通行の原則と例外
			車両通行帯のある道路での通行
			歩道・歩行者用道路などの通行禁止と例外
			交通状況による進入禁止
		交差点	交差点の通行方法
			交差点の優先関係
			交差点の事故防止方法
		規則・法定速度	最高速度の指定
			速度と停止距離
			徐行の定義
		歩行者保護	歩行者の保護
			子どもや身体の不自由な人の保護
			初心運転者・高齢運転者・障がいのある運転者などの保護
		追い越し	追い越しを禁止する場所
			追い越しを禁止する場合
		駐車・停車	駐車と停車の定義
			駐車・停車の禁止と例外
			駐車・停車の方法
			駐車時間の制限
		高速道路	高速道路の種類
			速度と車間距離
			通行区分・通行禁止
			駐車・停車の禁止と例外
			故障時などの措置
	一般規則	飲酒運転・携帯電話などの禁止事項	飲酒運転などの禁止
			携帯電話などの使用の禁止
		緊急自動車への対応・事故時の対応	緊急自動車への対応
			事故発生時の対応

大項目	中項目		小項目
交通法規	一般規則	悪条件下での運転	夜間の運転
			荒天時の運転
		自動車の登録・検査と保険制度	自動車の登録と検査
			自動車保険の種類としくみ
			強制保険
			任意自動車保険
			自動車保険の補償の範囲
運転行動	交通事故の2要因		先急ぎ衝動
			認知反応時間の突発的な遅れ
			交通事故の発生メカニズム
	交通事故防止方法		交通事故の発生状況
			交通事故の発生パターン
	交差点での事故防止		信号のある交差点での事故防止
			信号のない交差点での事故防止
	直線道路・カーブでの事故防止		直線道路での事故防止
			カーブでの事故防止
	発進・車線変更・後退時の事故防止		事故の発生原因
			発進時の事故防止
			車線変更時の事故防止
			後退時の事故防止

■参考「安全運転丸わかり」

交通事故の2要因

先急ぎ衝動

元来、地球上の生物は、獲物を捕らえるため、また、他の餌食とならないために、他よりも素早く動くことを生存競争本能としてもっています。それは我々現代人にも受け継がれています。

認知反応時間の突発的な遅れ

運転中は、さまざまな要因による認知反応時間の突発的な遅れが生じることがあり、それが事故に繋がります。とくに若年層や高齢者層にはこの現象が多く生じることがわかっています。

交通事故防止の3ポイント

先急ぎは得ならず

急ブレーキ回数を大幅に増加させ、血圧や脈の上昇を招くような先急ぎ運転をしても、時間短縮はわずかです。

進行方向空間距離の確保を!

認知反応時間の突発的な遅れがあっても対応できる十分な進行方向空間距離(車間距離)として、認知反応に2秒、制動に1.5秒、そして安全確保に0.5秒、計4秒以上の車間時間確保を目指しましょう。

先急ぎ衝動が強いと
進行方向空間距離を
短くとりがちです。

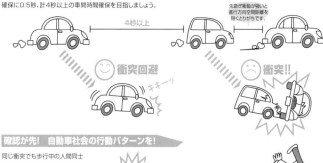

4秒以上

😊 衝突回避

キキーッ

😟 衝突!!

確認が先! 自動車社会の行動パターンを!

同じ衝突でも歩行中の人間同士の衝突と、走行中の自動車との衝突では事故の大きさがかなり違います。
確認を先にすることが必要です。

昔

今

第1章

運転技能

ここでは、自動車を安全に運転するために必要な技能的観点の知識を学習します。基本的な運転操作のし方や、状況に応じた車両の誘導イメージなどを解説しています。

1 基礎技能①運転姿勢等

1 自動車の乗り降りと運転姿勢

　　運転は、自動車に乗り込むところから始まり、自動車を降りるところで終わります。安全な乗り降りのし方から正しい運転姿勢のとり方などについて解説をします。

① 自動車の乗り降り

　　自動車に乗り降りをする際は、周囲の安全を確かめ、他の交通に迷惑を掛けないようにしなければなりません。

　　自動車に乗り込むときは、周囲の安全確認が不十分だと、車体の死角部分の障害物や人などに気づかないまま発進するリスクが高まります。自動車の周囲をひと回りするか、少なくともこれから進行する方向を通って自動車に乗り込むようにしましょう。

　　また、自動車から降りるときも、後方から近づいてくる自動車などに気づかないままドアを開けるリスクがあります。降りる方向のサイドミラーとサイドミラーに映らない死角部分の安全を確かめてからドアを開けるようにしましょう（**図1-1**）。

② 運転姿勢

　　正しい運転姿勢をとっておくと、疲労の軽減、視界の確保、正確で素早い操作などにつながります。さらに、万一のとき、シートベルトやエアバックなどの安全装置の効果も十分に得られることになります（**図1-2**）。

　　座席の位置を合わせるときは、視界を広く確保し、ペダル操作を正しく行うために座席の前後や高さを調整し、ハンドル操作を正しく行うた

めにハンドルの高さや座席の背もたれを調整します（**図1-3**）。

図1-1 自動車の乗り降りの基本

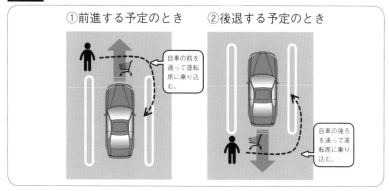

①前進する予定のとき　②後退する予定のとき

自車の前を通って運転席に乗り込む。

自車の後ろを通って運転席に乗り込む。

図1-2 正しい運転姿勢

ヘッドレストの中心が耳の高さになるように調整する。

座席に深く腰かけ、ブレーキペダル*を奥まで踏み込んだときに、軽くひざが曲がるように調整する。

座席に深く腰かけ、ハンドルを握ったときに軽くひじが曲がるように調整する。

※オートマチック車のときはブレーキペダル、マニュアル車のときはクラッチペダルの踏み込み具合を基準にして、座席の前後の位置を調整します。

図 1-3 座席の合わせ方

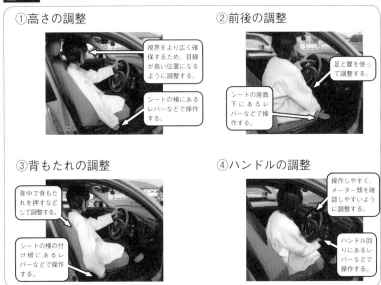

①高さの調整

視界をより広く確保するため、目線が高い位置になるように調整する。

シートの横にあるレバーなどで操作する。

②前後の調整

足と腰を使って調整する。

シートの座面下にあるレバーなどで操作する。

③背もたれの調整

背中で背もたれを押すなどして調整する。

シートの横の付け根にあるレバーなどで操作する。

④ハンドルの調整

操作しやすく、メーター類を確認しやすいように調整する。

ハンドル回りにあるレバーなどで操作する。

※車種によっては、電動で調整するものや、①④の調整ができないものがあります。

2 ミラーの調整

　走行し始める前に、ルームミラーで自動車の真後ろができるだけ遠くまで広く確認できるよう調整しておきます。また、サイドミラーで自車の左右後方ができるだけ遠くまで広く確認できるよう調整しておきます（**図 1 -4**）。

図 1-4　ミラーの調整の仕方

①ルームミラー

ミラーの中央を真後ろに合わせる。

②サイドミラー

車体が約4分の1の範囲に写り込むように合わせる。

路面が約2分の1から3分の2の範囲に映り込むように合わせる。

3　シートベルトの装着

　シートベルトを正しく装着していないと、万一のとき、衝撃から身体が守られないばかりか、誤った装着により身体が損傷を受けることもあります。

　なお、エアバックは、シートベルトの装着を前提として機能するよう設計されています。

図 1-5　シートベルトの着脱のし方

[着け方]

①両手でベルトを真っ直ぐ引き出す

②鎖骨の中央に当て、骨盤に巻きつけるように伸ばす

③金具に差し込む

[外し方]

①ベルトが急に戻らないように右手で押さえる

②ボタンを押す

基礎技能②運転装置等

1 自動車の分類

　市場で流通している自動車を動力源で分けると、主に次の4種類になります。

①ガソリン車

　ガソリンを燃料としています。「吸気」「圧縮」「燃焼・膨張」「排気」の4工程でのストローク※で動力を発生させており、4サイクルエンジンと呼ばれています。

※ストローク：エンジンやサスペンションのピストンが上下に動く往復距離を意味します。1往復の上下運動を「2ストローク」と数えます。

②ディーゼル車

　軽油を燃料としています。ガソリン車と同じく4工程でのストロークで動力を発生させます。ガソリン車は「燃焼・膨張」の工程でプラグ（電気火花）により点火しますが、ディーゼル車は「圧縮」の工程で高温にするため、燃料噴射すると自然に着火します。ガソリンエンジンに比べると低燃費というメリットはありますが、騒音が大きいというデメリットもあります。

③ハイブリッド車

　2つ以上の動力源を持つ自動車です。一般的には、ガソリンで動くエンジンと電気で動くモーターの2種類を備えています。ガソリン車に比べると燃料の使用量が少なくなるため、ランニングコストが抑えられます。

④電気自動車

　電気の力でモーターを動かす自動車です。ハイブリッド車と違い、ガソリンで動くエンジンは搭載していません。充電のみで走れるため、ランニングコストが抑えられます。また、二酸化炭素や窒素化合物などを排出しないため、環境に優しい自動車といえます。

2　運転装置の取り扱い

① ハンドル操作

　より正確に、より的確に、より安全にハンドル操作を行うために、ハンドルの持ち方や回し方を意識しておきましょう。

　ハンドルは、時計の9時15分から10時10分を指すあたりを両手で持ちます。また、ハンドルを手のひらで軽く前方に押しながら握るように持ち、握りしめすぎないように注意してください（**図2-1**）。シートの背もたれに背中を着けた状態でハンドルを両手で持って回せるように、シートの位置を調整しておくことも大切です。

図 2-1　ハンドルの持ち方

ハンドルを握りしめないように、親指を内側に軽く添える。

手首、ひじ、肩に力を入れすぎないようにハンドルを持つ。

第1章　運転技能
第2章　交通法規
第3章　運転行動
第4章　模擬問題

図 2-2　ハンドル操作の基本

① 右に回すとき

①ハンドルを軽く押すように持つ　②右手と左手で回す　③右手をお足の位置くらいで放す

④左手で右足の位置くらいまで回す　⑤右手をハンドルに戻す　⑥左手を返す

② 左に回すとき

①ハンドルを軽く押すように持つ　②右手と左手で回す　③左手を左足の位置くらいで放す

④右手で左足の位置くらいまで回す　⑤左手をハンドルに戻す　⑥右手を返す

② ペダル操作

　　アクセルペダルとブレーキペダルを踏み間違えることなく、円滑なペダル操作を行うために、各ペダルの位置（**図2-3**）や踏み方（**図2-4**）を意識しておきましょう。

　　アクセルペダルとブレーキペダルは、どちらも右足で操作します。左足はフットレストに置いておくと走行中の姿勢が安定します。

図2-3 ペダルの位置

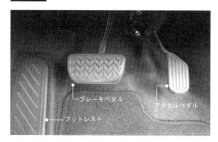

ブレーキペダル
アクセルペダル
フットレスト

図2-4 ペダルを踏む位置

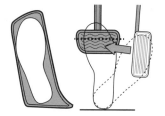

　右足のかかとを床に着け、かかとを支点に足首を動かして踏み戻しの調整をします。足首を動かすと踏み戻しの微調整がしやすく、円滑な走行につながります。なお、緊急時などにブレーキペダルを強く踏み込むときは、かかとが支点である必要はありません。

　足の指のつけ根あたりでペダルの中心を踏みます。ブレーキペダルの正面、もしくはアクセルペダルとブレーキペダルの中間の位置にかかとの支点を置いて踏み替えを行うと、踏み間違いがしにくいといわれています。

CHECK !

　右足がブレーキペダルの正面に来るようにかかとの支点を置いておくと、緊急時にブレーキを踏みやすくなります。また、ブレーキペダルと間違えてアクセルペダルを踏むという誤操作の防止にもつながります。

　しかし、体形の個人差、車種によるペダル位置の違いもあります。ブレーキペダルの正面にかかとの支点を置けない場合は、アクセルとブレーキ両方のペダルがしっかり踏めるよう位置を調整しましょう。

③ チェンジレバーの使い方

　トランスミッション※の中のギアの役割を変えるときや、駐車をするときなどに使用します。

※トランスミッション：エンジンと駆動輪の間に搭載され、走行条件に合わせてエンジンからの回す力や回転数を増減または逆転させてタイヤに伝える部品です。

図 2-5　チェンジレバーの記号と使用時（例）

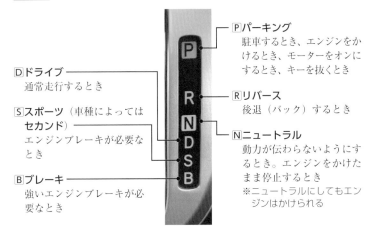

Ｄドライブ —————
通常走行するとき

Ｓスポーツ（車種によっては
セカンド）—————
エンジンブレーキが必要な
とき

Ｂブレーキ —————
強いエンジンブレーキが必
要なとき

Ｐパーキング
駐車するとき、エンジンをか
けるとき、モーターをオンに
するとき、キーを抜くとき

Ｒリバース
後退（バック）するとき

Ｎニュートラル
動力が伝わらないようにす
るとき。エンジンをかけた
まま停止するとき
※ニュートラルにしてもエン
ジンはかけられる

　エンジンブレーキを使う位置（ポジション）には、「L（ロー）」や「3、2、1」という表記もあります。また、「M（マニュアルモード）」のポジションに入れて「＋（プラス）」「－（マイナス）」でギアを変えエンジンブレーキを使うなど車種によって異なります。

④ 警告灯の意味

　　キーやスイッチをオンにすると、メーター周りにある各警告灯が点灯し、しばらくすると消灯します。消灯しないときや走行中に点灯したときは異常があることを示しているため、対応が必要です。

図2-6 警告灯の記号と点灯時

○ブレーキ警告灯
駐車時に使用したパーキングブレーキが完全に解除されていないときやブレーキ液が不足したときなどに点灯します。

○半ドア警告灯
どこかのドアが完全に閉まっていないときに点灯します。

○シートベルト警告灯
乗員がシートベルトを正しく装着していないときに点灯します。

○充電警告灯
充電系統の異常が発生し、充電が正常に行われていないときに点灯します。

○油圧警告灯
エンジン内のオイルの油圧が下がったときに点灯します。

○エンジン警告灯
排気系統や吸気系統などエンジンに関連する機構に異常があるときに点灯します。

○水温警告灯
エンジンの冷却水（クーラント）の温度が高いときに点灯します。

○ABS等警告灯
ABS※やブレーキアシストシステムなどに異常があるときに点灯します。

※ABS:アンチロック・ブレーキ・システムの略で、急ブレーキ時にかかるタイヤのロックを防ぎ、ハンドル制御ができるようにするシステムです。

⑤ ガラスの曇りの除去方法

　　空気中の水蒸気や、車内と車外の温度差によって、窓ガラスが曇ることがあります。空気が乾燥している時期であれば、窓を開け、乾燥した空気を車内に取り込めば、曇りを取り除くことができます。しかし、雨の日など窓を開けにくいときは、空調機能を活用する方法が使えます。

　　フロントガラスの内側の曇りを取り除く場合は、デフロスター（**図2-7**）が使えます。デフロスターは、窓ガラスの着霜・着氷・結露を防止するため、フロントガラスなどに送風して乾燥し、曇りを取り除く装置です。

オートエアコンの場合は、デフロスターのスイッチを入れると、エアコンの除湿された空気がフロントガラス周辺に集中して送風されます。マニュアルエアコンの場合は、エアコンのスイッチを入れ、空調を外気導入に設定します。リアガラスが曇ったときは、リアデフォッガー※（**図2-8**）を作動させると曇りが取り除かれます。

※リアデフォッガー：リアガラス（自動車の後方のガラス）に貼り付けられた電熱線です。

図 2-7 デフロスター　　　**図 2-8** リアデフォッガー

　また、冬場は、車内よりも車外の空気のほうが湿度の低い場合が多いので、空調を外気導入に設定すると曇りの除去が効果的となります。しかし、雨天時は、冬場でも車内より車外の空気のほうが湿度が高いため、空調を内気循環に設定しましょう。

　また、日頃からガラス面を清潔に保っておくと曇りにくくなります。さらに、市販されている曇り止めスプレーなどを使うと、窓ガラスの曇りを防ぐことができます。視界を明瞭に保つことは、運転に必要な情報を収集するために大切なことです。

応用技能①速度調節等

1 速度調節のし方と走行中の視野のとり方

① 速度調節のし方

　　道路では状況に合った速度をつくることが大切です。できるだけ速度変化が小さい走行をし、加速・減速を緩やかに行うと安全と低燃費につながります。また、カーブ内での速度調整は注意点を意識し、安全な速度で進入し、路外や対向車線にはみ出さないように走行しましょう。

①速度変化が小さい走行

　　速度変化が小さい走行をするためには、十分な車間距離を確保しておく必要があります。車間距離が短いと、先行車の減速に対して後続車はより強い減速をすることになります。再度流れに乗ろうとすると、減速が強い分、強い加速を行いやすく、その結果、速度変化が大きくなります。また、この現象が数台連鎖すると、後続車は減速で終わらず停止することになります。車間距離不足は、渋滞を発生させる要因でもあります。

図 3-1 速度変化の大小比較

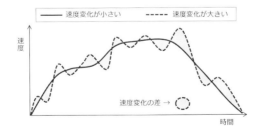

②カーブ内での速度調節

　カーブを安全に走行するためには、速度調節について次の3点を意識しておきます。

1）カーブに進入する前に安全な速度に落とし終える

　　カーブに進入する速度が速いと、ハンドル操作を誤り路外や対向車線にはみ出す危険があります。また、カーブの先の見通しがよくない場合は、停止車両に衝突するなどの危険が考えられます。

2）カーブ内では安全な速度を一定に保つ

　　カーブ内で加速し速度が上がりすぎると、自動車に遠心力※が強く働き、ハンドル操作を誤るなどの危険があります。遠心力は速度の2乗に比例して大きくなります。

※遠心力：外に向かって働く力のことです。

3）カーブを出始めるときに緩やかに加速を始める

　　カーブを出始めるタイミングで緩やかに加速を始めると、ハンドルに復元力※が働きスムーズな操作につながります。

※復元力：ハンドルを切ったあと、手を緩めるとハンドルが元の位置に戻ろうとする力のことです。

図3-2 カーブ内での速度調節のし方

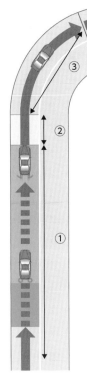

①アクセルを戻してエンジンブレーキを効かせたあとにフットブレーキをかけ始めます。断続的にブレーキをかけ、ブレーキ警告灯を点滅させると後続車への減速の合図にもなります。
②カーブに入る前の自動車1台分（約5m）手前までに、速度を落としておきます。
③カーブの形状に応じて、安全な速度を一定に保ちながら走行します。
④カーブの先の状況に応じて、緩やかに加速を行います。

③曲がり角などでの速度調節

　左折するときや道幅が狭い角などを曲がるときは、あらかじめ速度を十分に落としてから曲がり始めます。進行方向を見て、ハンドルを戻し始めるタイミングを計りましょう。そして、曲がり終わったあとにふらつかないように、ハンドルを戻しながら緩やかに加速しましょう。

④車線変更時などでの速度調節

　車線を変更したり、本線に合流したりする場合は、進入しようとする車線の自動車の速度に近づけておくと、スムーズに入りやすくなります。安全を確認したあと、車線変更（合流）を始めるタイミングで、進

入する車線の流れの速度に合わせていくようにしましょう。車線変更（合流）後は、前車との車間距離を詰めすぎないように速度調節を行うことも大切です。

CHECK！ ··

　雨が降り出すと、アスファルト道路の表面が泥やほこりの影響でオイル状になり、滑りやすくなります。アスファルト道路の土ぼこりの多い場所では、とくに雨の降り始めは注意が必要です。雨が降り続いて、泥やほこりが洗い流されていくと、摩擦力がわずかに回復します。そして、雨が止むと、摩擦力は徐々に回復し、路面が完全に乾くと元に戻ります。土ぼこりの多いところでは、とくに滑りやすくなる現象が強く表れるため、雨の降り始めは、スリップ事故を起こさないように早めのブレーキを心がけてください。

---

② 走行中の視野のとり方

　とくに運転を始め出したころは、車体が左右にふらつくことがあります。視線の送り方が１つの原因でもあります。道路の形状に応じて、適切な視野をとりながら安全に車両を誘導しましょう。

図 3-3 視野のとり方

○視点が近い状態

○視点が遠い状態

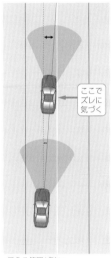

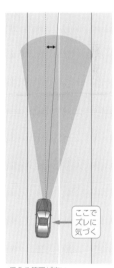

・見える範囲が狭い
・ズレが小さく見え、気づきにくい

・見える範囲が広い
・ズレが大きく見え、気づきやすい

第1章 運転技能

第2章 交通法規

第3章 運転行動

第4章 模擬問題

②カーブの形状をあらかじめ把握する

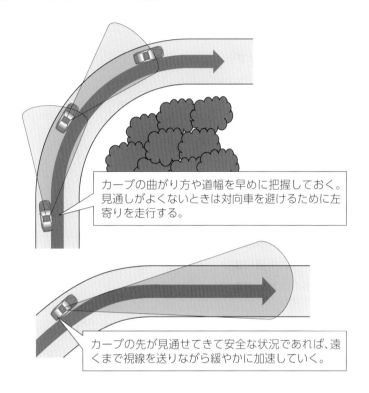

カーブの曲がり方や道幅を早めに把握しておく。見通しがよくないときは対向車を避けるために左寄りを走行する。

カーブの先が見通せてきて安全な状況であれば、遠くまで視線を送りながら緩やかに加速していく。

坂道を走行するときは、次の点に注意してください。

①上り坂

・平地よりもアクセルペダルを多めに踏み込み、途中で失速しないように一定の速度を保ちます。

・頂上が近づいてきたら、急に対向車や駐車車両などが現れても危険な状況にならないように、速度を落とします。なお、上り坂の頂上付近は、徐行しなければならない場所になっています（第2章第4節3参照）。

②下り坂

・速度が出すぎないように注意し、エンジンブレーキとフットブレーキを併用しながら走行します。

・急な下り坂や長い下り坂でフットブレーキに頼りすぎると、フェード現象※やベーパーロック現象※が生じ、ブレーキが効かなくなることがあります。

※フェード現象：ブレーキパッドなどの摩擦材が設計値よりも高温になって、摩擦力を失ったときに発生します。

※ベーパーロック現象：ブレーキフルードが高温になって発生する気泡の影響により、圧力を伝達しなくなったときに発生します。

2 車両感覚の身につけ方

① 自動車の大きさと死角

　自動車の大きさや前輪・後輪の位置など車両感覚を理解しておくと、狭い場所での通行や、後進時の車両の誘導がしやすくなります。

　また、車種によって車体の大きさは異なりますが、どの車種にも運転席からの死角が存在します。死角には、車体そのものが作り出すものと、ミラーに映らないものがあります。車両の誘導時には、死角となって見えていないものをイメージする必要があります。安全確認をするためには、車体の死角とミラーの死角をともに意識する必要があります。

第1章 運転技能

第2章 交通法規

第3章 運転行動

第4章 模擬問題

図 3-4　車体の大きさ：セダンタイプ※の普通自動車の場合

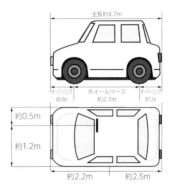

※セダンタイプ：エンジンルームと人が乗る車室、トランクルームがそれぞれ分かれた4ドアタイプの自動車のことです。

CHECK !

車両感覚をつかむためのポイント❶

①車体の幅・長さ・高さ

車体の幅や高さについては、通行の制限を受ける場合があります。

②前輪・後輪の位置

前輪の位置を理解しておくと、狭い道路などでハンドルを切り始めるタイミングがつかみやすくなります。箱型のワゴン車※は、より運転席に近い位置に前輪があります。また、後輪の位置を理解しておくと、後退時などでハンドルを切り始めるタイミングがつかみやすくなります。

※ワゴン車：人と荷物の両方を運ぶことを目的とする乗用車のことです。

③内輪差

内輪差は前輪が曲がる角度（ハンドルの切れ角）の大きさとホイールベース（前輪の軸から後輪の軸までの長さ）に比例して大きくなります。一般的には、ホイールベースの約3分の1が最大の内輪差の目安となります。約2.7mのホイールベースがある自動車では、約0.9mが内輪差の目安となります。

自動車が**図3-5**左図の位置にあるとき、運転席からは**図3-5**右図のように見えます。

図3-5 運転席からの見え方

CHECK！ ....

車両感覚をつかむためのポイント❷

●走行ラインや停止線の見え方

①：サイドミラーで確認できる車体から道路端との間隔と中央線との間隔がともに約1mあるときに、前方の道路端と中央線（センターライン）がボンネットのどのあたりに見えるかを確認すると、車幅の感覚がつかみやすくなります。

②：停止線に合わせて止まったときに、停止線の右端がサイドミラーの付け根あたり重なって見えます。これを目安に、停止線から1〜2m程度手前に離れて止まるようにしましょう。

※走行ラインや停止線の見え方は、車種や運転者の体格によって異なります。

第1章第1節でも述べましたが、自動車に乗り込むときは、車体の死角部分（**図3-6**）を確認するようにしてください（**図3-7**）。

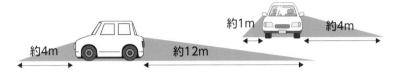

図 3-6 車体の死角

約1m　約4m

約4m　約12m

※死角の広さは、車種や運転者の体格によって異なります。

図 3-7 車体の死角の安全確認（図1-1再掲）

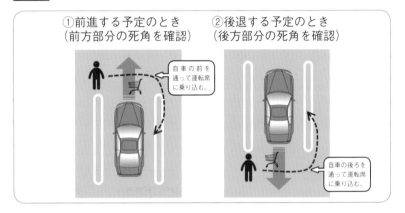

①前進する予定のとき
（前方部分の死角を確認）

②後退する予定のとき
（後方部分の死角を確認）

自車の前を通って運転席に乗り込む。

自車の後ろを通って運転席に乗り込む。

②安全確認の方法

　　車内では、ルームミラーとサイドミラーで後方と左右の安全を確認します（**図3-8**）。

図 3-8 車内での安全確認

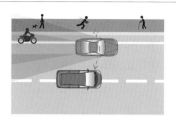

①後方

ルームミラーで確認

②左

サイドミラ　と直視で確認

③右

サイドミラーと直視で確認

第1章　運転技能

第2章　交通法規

第3章　運転行動

第4章　模擬問題

CHECK ! ⋯⋯⋯⋯⋯⋯⋯⋯⋯⋯⋯⋯⋯⋯⋯⋯⋯⋯⋯⋯⋯⋯⋯⋯⋯⋯⋯⋯⋯⋯

安全確認のポイント

①乗り込む前に確認

　車体がつくり出す車両周辺の死角は、自動車に乗り込んでしまうとミラーを使ったり、のぞき込んだりしても確認しにくいものです。だからこそ、自動車に乗り込む前に車両周辺の死角に危険が潜んでいないかを確認しておく必要があります。少なくとも、前進する予定であれば自動車の前方を通って、後退する予定であれば自動車の後方を通って、車体の死角部分に目を向けたうえで乗り込むようにしましょう。

②ルームミラーとサイドミラーと直視で確認

　ルームミラーとサイドミラーには、それぞれに死角があります。後方の状況を把握する場合は、ルームミラーと左右のサイドミラーを合わせて確認しましょう。とくに、進路を変えようとする場合は、進路を変えていこうとする側のサイドミラーとその死角となる部分を直視する必要があります。左折前に二輪車などの巻き込み防止のために確認する場合も、左のサイドミラーとその死角となる部分を直視しましょう。

4 応用技能②後退

1 後退時の死角

　　後退時は、前進時と比べると車体の死角に入る部分が多くなるため注意が必要です。ミラーを使うと後方が見やすくなりますが、ミラーにも死角があります。死角を映し出すカメラが搭載された自動車も多くなってきていますが、いずれにしても意識して確認することが大切です。

図 4-1　後退時の死角

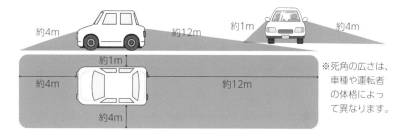

約4m　約12m　約1m　約4m

約1m
約4m　約12m
約4m

※死角の広さは、車種や運転者の体格によって異なります。

図4-2 ミラーに映る範囲

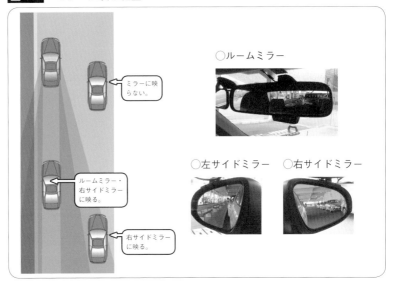

　後退で進み出す場合は、自動車に乗り込む前に周囲を確認しておきましょう。また、後退を始めたら、ゆっくりとした速度で進みながらミラー・直視・モニターを使って確認し、危険を見落とさないように注意しましょう。

2　後退時の姿勢

　ミラーやモニターを確認しながら後退する方法と、直接後方を振り返って確認しながら後退する方法があります。状況に応じて後退時の姿勢を使い分けましょう（**図4-3**）。

図 4-3 後退時の姿勢

①車内（左・後部窓）から見るとき

左に振り返って、左・後部の窓から後ろを見る。

後方全体が確認でき、障害物の有無を把握しやすい。

②右窓から見るとき

窓から顔を出して振り返り、後ろを見る。

右後方が確認でき、目標とのズレを把握しやすい。

　後退時は、視界が狭く危険なため、慎重な確認とハンドル操作が求められます。周囲に障害物があるような環境では、できるだけゆっくりとした速度で後退することが大切です。オートマチック車の場合は、クリープ現象※をブレーキで抑えながら、人が歩くよりも遅い速度をイメージして後退しましょう。

※クリープ現象: アクセルを踏んでいなくても車両がゆっくりと進む現象のことです。

3　後退時のハンドル操作

　とくに運転を始めたころは、後退で自動車の向きを変えるとき、どちらにハンドルを回せばよいのかがわからなくなりやすいものです。前進でも後退でも、自動車はハンドルを回した方向に進むことを覚えておきましょう（**図4-4**）。

第1章 運転技能

第2章 交通法規

第3章 運転行動

第4章 模擬問題

図4-4 後退時のハンドル操作

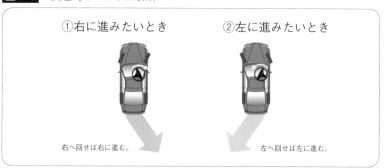

①右に進みたいとき　②左に進みたいとき

右へ回せば右に進む。　左へ回せば左に進む。

　なお、後退時でハンドル操作量が多いときは、外側の前輪と後輪との通行位置の差（外輪差）にも注意しましょう（**図4-5**右）。

図4-5 後退時の注意

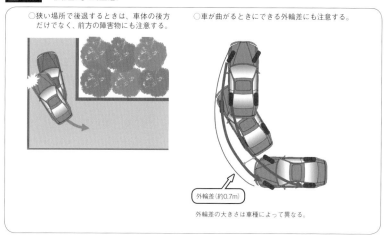

○狭い場所で後退するときは、車体の後方だけでなく、前方の障害物にも注意する。

○車が曲がるときにできる外輪差にも注意する。

外輪差（約0.7m）

外輪差の大きさは車種によって異なる。

　後退時の進行方向は、右窓と車内から後ろを振り返ったときに**図4-6**のように見えます。後ろを振り返って進行方向を修正するきは、**図4-7**のような姿勢をとります。

図4-6 後退時の進行方向の見え方

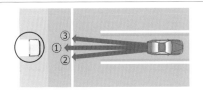

①のとき
○右窓からの見え方　　○車内からの見え方

後ろのトラックが右窓からは見えず、車内からは真後ろに見える。

②のとき
○右窓からの見え方　　○車内からの見え方

後ろのトラックが右窓からは見えず、車内からは右寄りに見える。

③のとき
○右窓からの見え方　　○車内からの見え方

後ろのトラックが右窓からも見え、車内からは左寄りに見える。

図4-7 進行方向修正時の姿勢

①右窓から

右後方が確認でき、目標とのズレを把握しやすい。

②車内から

後方全体が確認でき、障害物の有無を把握しやすい。

問題1 運転時の姿勢について、次の文章の（　　　）に入る組み合わせとして、もっとも適切な選択肢を1つ選びなさい。

　　腕が（　①　）と正確なハンドル操作ができない。
　　シートに（　②　）腰掛けていないとシートベルトが正しく機能せず、ブレーキの踏力が弱まる。

a　① 伸びきっている　　　② 浅く
b　① 伸びきっていない　　② 浅く
c　① 伸びきっている　　　② 深く
d　① 伸びきっていない　　② 深く

問題2 警告灯や表示灯の意味として、<u>間違っている</u>選択肢を1つ選びなさい。

a ランプの色：赤色
　ABSの異常

b ランプの色：赤色
　エンジンオイルの圧力異常

c ランプの色：青色
　ハイビーム

d ランプの色：赤色
　エンジン冷却水の温度の異常

問題3　図のような狭い道路を切返しをせずに右折する場合、据え切り（停止した状態でハンドルを回すこと）でハンドルをすべて回す位置として、もっとも適切な選択肢を1つ選びなさい。ただし、右折のルールとして道路の中央に寄せることを考慮しないものとする。

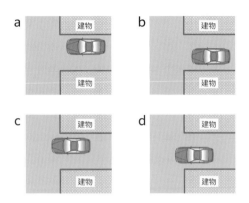

問題4　図のようなカーブを曲がる際、矢印の部分での速度として、もっとも適切な選択肢を1つ選びなさい。ただし、前方に車両はないものとする。

a　徐々に遅くする
b　徐々に速くする
c　一定に保つ
d　徐行する

問題5　図のような駐車場で①から前進で進入してバックで駐車する際、もっとも停めやすい場所を1つ選びなさい。

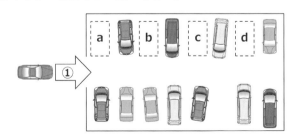

問題6 長い急な下り坂を走行するときの操作について、次の文章の（　　　）に入る組み合わせとして、もっとも適切な選択肢を1つ選びなさい。

（　①　）、（　②　）を使って走行する。

a　① Dのまま　　　② フットブレーキ
b　① Sに変えて　　② フットブレーキ
c　① Dのまま　　　② サイドブレーキ
d　① Sに変えて　　② サイドブレーキ

問題7 図の位置で据え切り（停止した状態でハンドルを回すこと）でハンドルを左にすべて回してバックした場合、最初に接触する障害物はどれか、選択肢を1つ選びなさい。

問題8 A地点からB地点へバックする際、○印の地点でハンドルを回す方向の順序として、正しい選択肢を1つ選びなさい。

a　右　→左　→左　→右
b　右　→左　→右　→右
c　左　→右　→左　→左
d　左　→右　→右　→左

問題9 平坦な直線道路で、発進してから時速40kmの速度で走行する際のアクセル操作について、次の文章の（　　　）に入る組み合わせとして、もっとも適切な選択肢を1つ選びなさい。ただし、前方に車両はないものとする。

発進後は（　①　）時速40kmに上げ、その後はアクセルを（　②　）速度を一定に保つ。

a　① 緩やかに　　　　② 軽く踏んだまま
b　① 緩やかに　　　　② 踏んだり戻したりしながら
c　① できるだけ早く　② 軽く踏んだまま
d　① できるだけ早く　② 踏んだり戻したりしながら

問題10 バックで駐車をする際、駐車枠（写真A・Bの白線）と車体を平行にするときのハンドルを回す方向について、次の文章の（　　　）に入る組み合わせとして、もっとも適切な選択肢を1つ選びなさい。ただし、前輪は真っ直ぐの状態とする。

左サイドミラーがAのように映っている状態では、ハンドルを（　①　）に回す。右サイドミラーがBのように映っている状態では、ハンドルを（　②　）に回す。

A 　　　B

a　① 左　　② 左
b　① 左　　② 右
c　① 右　　② 右
d　① 右　　② 左

解 答 と 解 説

問題1（第2節「基礎技能①運転姿勢等」1・3）

正解： c

解説：正確な操作を行い、情報を取りやすくするためには、次のような運転姿勢
を保つようにします。

①運転席のシートに深く腰掛ける。

②ブレーキペダル（マニュアル車の場合はクラッチペダル）を奥まで踏み
込んだとき、ひざに少し余裕があるようにシートの前後の位置を合わせ
る。

③背もたれに背中を着けた状態でハンドルの上部を持ったとき、ひじに少
し余裕があるように背もたれの角度を調節する。

問題2（第2節「基礎技能②運転装置等」2）

正解： a

解説：警告灯は、トラブルの早期発見に重要です。ランプの色は、国際規格（ISO）
に基づく世界共通基準です。たとえば、赤色＝危険、黄色＝注意、緑色＝
安全を表し、温度の高低を示す場合は、赤色＝高温、青色＝低温を表して
います。また、ヘッドランプのハイビーム点灯は、青色で表示するのが決
まりです。一般的に赤色の警告灯が点灯したままのとき、または、点滅し
ているときは、重大なトラブルが発生していることが考えられます。

問題3（第3節「応用技能①速度調節等」1）

正解： d

解説：狭い場所を前進して自動車の向きを変える場合、後輪は前輪が通る位置よ
りも内側を通るため、内輪差が生まれます。このため、内側にできるだけ
スペースを確保しておく必要があります。また、ハンドルを回して自動車
の向きを変え始める場合、タイミングが遅いと自動車の前方が障害物など
に接触するおそれがあります。前輪の位置をイメージしながら適切なタイ
ミングでハンドルを回すようにしましょう。

問題4（第3節「応用技能①速度調節等」1）

正解： c

解説：カーブを曲がろうとする場合は、曲がり始める前にカーブのR（半径）に

応じた速度まで減速を終えておきます。そして、一定速度のままで曲がり終えると自動車の挙動が安定しやすく安全です。カーブ内で大きく加速・減速を行うと、横滑りや横転の原因となります。また、カーブから出始めるタイミングで徐々に加速を始めると、ハンドルの復元力も働き、安全かつスムーズに走行することができます。

問題5（第4節「応用技能②後退」3）
正解：a
解説：バックで車体の向きを変えるときは、前進時に比べ距離が必要です。駐車スペースよりも少し前に進んでいくか、駐車スペースに対してできるだけ真っ直ぐバックできるようにすると、切り返しを少なくし、効率よくバックでの駐車が行えます。また、車体の向きを変える際、外輪差や内輪差で障害物に接触しにくいスペースを確保することが大切です。

問題6（第3節「応用技能①速度調節等」1）
正解：b
解説：長い坂道を下る際は、エンジンブレーキとフットブレーキを併用しながら速度を抑えることが大切です。フットブレーキのみに頼り過ぎるとフェード現象やベーパーロック現象が生じ、ブレーキが効かなくなることがあります。燃費向上につながると勘違いし、ニュートラルで坂を下るとフットブレーキの負担が大きくなるため危険です。

問題7（第4節「応用技能②後退」3）
正解：c
解説：バックで向きを変えているときは、内輪差で自車の内側の障害物に接触しないように注意し、また、外輪差で自車の外側の障害物に接触しないように注意しましょう。

問題8（第4節「応用技能②後退」3）
正解：b
解説：初心者はバックするときにハンドルをどちらへ回したらよいかわからず、混乱することが多いようです。しかし、前進するときと同様に進みたい方向へハンドルを回せばよいのです。バックで進みたい方向に顔を向け、顔

を向けている方向にハンドルを回すようにすると、感覚がつかみやすいでしょう。

問題9（第3節「応用技能①速度調節等」1)

正解：a

解説：加速や減速が緩やかであることや、できるだけ一定速度を保って走行することは、エコドライブだけでなく安全運転のうえでも重要です。とくに、一定速度を保ち、「緩やか」に減速するためには、車間距離が十分に確保されていなければなりません。緩やかの目安として、加速も減速も、毎秒の速度変化が時速5km以内となるように意識しましょう。

問題10（第4節「応用技能②後退」3)

正解：b

解説：サイドミラーで障害物を見ながらバックする場合は、自車を障害物に近づけたければその障害物の方向に、遠ざけたければその障害物と反対の方向にハンドルを回します。

第2章

交通法規

ここでは、自動車を安全に運転するために必要な法律的観点の知識を学習します。標識、信号、駐停車、飲酒運転、自動車管理などについて解説しています。

1 信号・標識・標示

1 信号の種類と意味

① 信号機の信号の種類と意味

信号の種類と意味は、**図1-1**のとおりです。

図1-1 信号の種類と意味

信号の種類	信号の意味
青色の灯火	直進、左折、右折することができます。
青色灯火の矢印	矢印の方向に進むことができます。 右向きの矢印の場合には、転回することができます。
黄色の灯火	停止位置から先へ進んではいけません。 しかし、黄色の灯火に変わったときに停止位置に近づいていて、安全に停止 することができない場合は、そのまま進むことができます。
黄色灯火の点滅	他の交通に注意して進むことができます。
赤色の灯火	停止位置から先へ進んではいけません。
赤色灯火の点滅	停止位置で一時停止し、安全を確認した後に進むことができます。

なお、信号機には、信号の記号や標示板により、歩行者や自転車、バスなど、特定の交通を対象にしているものがあります。

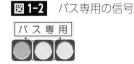

図1-2 バス専用の信号

② 左折可の標示板

道路の左端や信号機に、白地に青の左向きの矢印の標示板があるときは、「左折可」を意味しています。車は、前方の信号が赤色や黄色であっても、歩行者など周りの交通に注意しながら左折することができます。ただし、左折により、信号に従って横断している歩行者や自転車の通行

を妨げてはいけません。

なお、左折可の標示板は、一方通行の標識と間違えやすいため、注意しましょう。

図 1-3 左折可の標示板と一方通行の標識

①左折可の標示板 ②一方通行の標識

CHECK !

●信号の意味

信号の青色は「進め」の意味と勘違いしている人が多いようです。青色は、図1-1の説明に「…することができます」とあるように、自分の責任で直進や右折・左折をしなくてはならないことを意味しています。また、信号の黄色の意味も勘違いしている人が多いようですので、注意してください。

●停止位置

次の位置が停止位置となります。

①停止線のあるところ

・停止線があるところでは、停止線の直前が停止位置

※一時停止の標識がある場合も、停止線の直前で止まります。

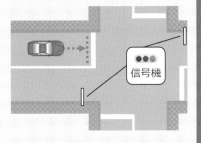

信号機

・停止線の標識のあるところでは、停止
線の標識の直前が停止位置

※砂利や雪で停止線の表示が設けられない場
所や、設けられていても見えにくい場所に
は、停止線の標識が設置されることがあり
ます。

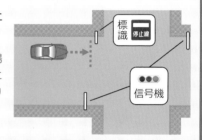

②停止線がないところ

・交差点では、交差点の直前が停止位置

※一時停止の標識がある場合も、交差点の直
前で止まります。

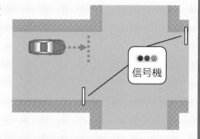

・交差点のすぐ近くに横断歩道や自転車
横断帯があるところでは、横断歩道や
自転車横断帯の直前が停止位置

※一時停止の標識がある場合も、横断歩道や
自転車横断帯の直前で止まります。

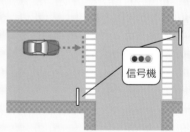

・交差点以外で、横断歩道や自転車横断帯や踏切があるところでは、横断歩道や自転車横断帯や踏切の直前が停止位置

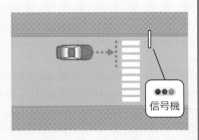

信号機

・交差点以外で、横断歩道も自転車横断帯も踏切もないところに信号機があるときは、信号機の直前（信号の見える位置）が停止位置

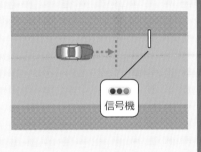

信号機

2 標識・標示の種類と意味

標識・標示の種類と意味は、**図1-4**のとおりです。

図 1-4 標識・標示の種類と意味

①規制標識

通行止め	車両通行止め	車両進入禁止	二輪の自動車以外の自動車通行止め	大型貨物自動車等通行止め	大型乗用自動車等通行止め
二輪の自動車・原動機付き自転車通行止め	自転車以外の軽車両通行止め	自転車通行止め	車両（組合せ）通行止め	大型自動二輪及び普通自動二輪車二人乗り通行禁止	指定方向外進行禁止
指定方向外進行禁止	指定方向外進行禁止	指定方向外進行禁止	指定方向外進行禁止	指定方向外進行禁止	車両横断禁止
転回禁止	追越しのための右側部分はみ出し通行禁止	駐停車禁止	駐車禁止	時間制限駐車区間	危険物積載車両通行止め
重量制限	高さ制限	最大幅	最高速度	最低速度	自動車専用
自転車専用	自転車及び歩行者専用	歩行者専用	一方通行	車両通行区分	特定の種類の車両の通行区分
けん引自動車の高速自動車国道通行区分	専用通行帯	路線バス等優先通行帯	進行方向別通行区分	進行方向別通行区分	進行方向別通行区分
原動機付き自転車の右折方法（二段階）	原動機付き自転車の右折方法（小回り）	警笛鳴らせ	徐行	一時停止	歩行者通行止め

56

②指示標識

駐車可	停車可	優先道路	中央線	横断歩道	横断歩道
P	停		中央線		

安全地帯

③警戒標識

+形道路交差点あり	T形道路交差点あり	Y形道路交差点あり	ロータリーあり	右(左)方屈曲あり	右(左)方屈折あり
右(左)方背向屈折あり	踏切あり	学校、幼稚園、保育所等あり	すべりやすい	合流交通あり	車線数減少
幅員減少	二方向交通	上り急こう配あり	下り急こう配あり	道路工事中	横風注意

④補助標識

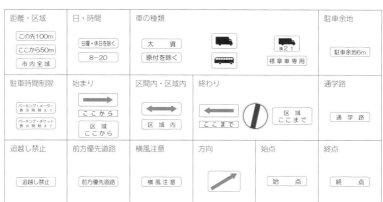

距離・区域	日・時間	車の種類			駐車余地
この先100m ここから50m 市内全域	日曜・休日を除く 8-20	大 貨 原付を除く		標章車専用	駐車余地6m
駐車時間制限	始まり	区間内・区域内	終わり		通学路
パーキング・メーター表示時刻まで パーキング・チケット表示時刻まで	ここから 区 域 ここから	区 域 内	区 域 ここまで ここまで		通 学 路
追越し禁止	前方優先道路	横風注意	方向	始点	終点
追越し禁止	前方優先道路	横風注意		始 点	終 点

57

第1章 運転技能

第2章 交通法規

第3章 運転行動

第4章 模擬問題

⑤規制標示

1. 転回禁止
車は転回してはいけません。数字は禁止の時間を示しています。

2. 追越しのための右側部分はみ出し通行禁止

2-1
AおよびBの部分を通行する車は、いずれも追い越しのため道路の右側部分にはみ出して通行してはいけません。

2-2
2-1と同じ意味を示しています。

2-3
Aの部分を通行する車は、追い越しのため道路の右側部分を通行してはいけません。

3. 進路変更禁止

3-1
Aの車両通行帯を通行する車はBへ、Bの車両通行帯を通行する車はAへ進路を変えてはいけません。

3-2
Bの車両通行帯を通行する車は、Aへ進路を変えてはいけません。

※図の右端の白線が、道路の中央線を示している場合のことを言います。

4. 駐停車禁止

5. 駐車禁止

6. 最高速度
車と路面電車は、表示された速度を超えて運転してはいけません。
原動機付き自転車と、けん引自動車以外で車をけん引する自動車は、法定速度よりも高い速度が表示されていても法定速度に従います。

7. 立ち入り禁止部分
車は、この表示の中に入ってはいけません。

8. 停止禁止部分
車と路面電車は、前方の状況により、この表示の中で停止するおそれがあるときは、この中に入ってはいけません。

9. 路側帯

9-1
歩行者と軽車両は通行できます。

9-2
路側帯の幅が0.75mを超える場合は、車は路側帯内に入り、車の左側に0.75m以上の余地を空けて駐停車することができます。

10. 駐停車禁止路側帯

10-1
歩行者と軽車両は通行できます。

10-2
車は、路側帯内に入って駐停車することができません。

11. 歩行者用路側帯

11-1
歩行者のみ通行できます。

11-2
車は、路側帯内に入って駐停車することができません。

12. 車両通行帯

12-1 高速自動車国道の本線車道以外の道路の区間に設けられる車両通行帯

①ペイントがそれに類するもの

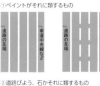

②道路びょう、石かそれに類するもの

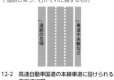

12-2 高速自動車国道の本線車道に設けられる車両通行帯

13. 優先本線車道
この表示がある場合、Aが優先本線車道であることを示しています。

14. 車両通行区分
車の種類によって通行位置が指定された車両通行帯を示しています。

15. 特定種類の車両通行区分
大型貨物自動車と特定中型貨物自動車、大型特殊自動車は、左から一番目の車両通行帯を通行しなければなりません。

16. 専用通行帯
表示された車の専用通行帯であることを示しています。

17. 路線バス等優先通行帯

路線バスなどの優先通行帯であることを示しています。

18. 進行方向別通行区分

車は、交差点で進行する方向に指定された車両通行帯を通行しなければなりません。

19. 右左折の方法

車が交差点で右左折するときに、通行しなければならない部分を示しています。

19-1. 右折の方法

19-2. 左折の方法

20. 環状交差点における左折等の方法

環状交差点で、車が左折、右折、直進、転回するときに、通行しなければならない部分を示しています。

21. 普通自転車歩道通行可

普通自転車が歩道を通行できることを示しています。

22. 普通自転車の歩道通行部分

普通自転車が歩道を通行でき、その場合の通行すべき部分を示しています。

23. 終わり

規制標示が表示する交通規制区間の終わりを示しています。

2 走行規則①車両通行の原則

1 車道通行の原則と例外

　　車は、歩道や路側帯と車道の区別のある道路では、車道を通行しなければなりません。しかし、道路に面した場所に出入りするために、**歩道や路側帯を横切るとき**などは、通行することができます。

図 2-1 歩道・路側帯と車道の区別のある道路

①歩道と車道の区別のある道路　②路側帯と車道の区別のある道路

CHECK ! ....
　歩道や路側帯は、コンビニエンスストアへの出入りなどで横切る場合のみ通行できます。

2 左側通行の原則と例外

　　車は、道路の中央から左の部分を通行しなければなりません。しかし、**図 2-2** の場合には、道路の中央から右の部分にはみ出して通行することができます。

図 2-2 左側通行の例外

①道路が一方通行となっているとき

②道路の左側部分の幅が、自車の通行に十分なものでないとき

③工事などのため、道路の左側部分だけでは通行するのに十分な幅がないとき

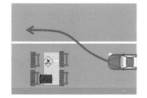

④勾配の急な道路の曲り角付近で、「右側通行」の標示があるとき

⑤道路の左側部分の幅が6ｍ未満の見通しのよい道路で、他の自動車を追い越そうとするとき※

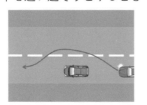

※ただし、標識や標示で、追い越しのため右側部分にはみ出して通行することが禁止されている場合を除きます。また、反対方向からの交通を妨げるおそれのあるときは、右側にはみ出して追い越しをしてはいけません。

CHECK !

理由なく道路の中央から右側の部分を通行することはできません。

3 車両通行帯のある道路での通行

　同一の方向に複数の車両通行帯があるときは、一番右側の車両通行帯は、追い越しなどのために空けておく必要があります。反対に、それ以外の車両通行帯は通行することができます。

　3つ以上の車両通行帯があるときは、速度の遅い車が一番左側の車両通行帯を通行し、速度が速くなるにつれて順次右側寄りの車両通行帯を通行しましょう。

　なお、原付や自転車を含む車は、標識や標示によってそれぞれの通行区分が示されているときは、その区分に従って通行しなければなりません。

図 2-3 　車両通行帯のない道路・ある道路

①車両通行帯のない道路　　②車両通行帯のある道路

CHECK ! ....

　同一方向の車線が2つ以上あるときは、一番右側の車線は、追い越しや右折のために空けておかなければなりません。

4 歩道・歩行者用道路などの通行禁止と例外

① 歩道などの通行禁止と例外

　自動車や原付は、歩道や歩行者用道路などを通行してはいけません。

しかし、道路に面した場所に出入りするために、**歩道や歩行者用道路を横切るとき**などは通行することができます。

歩道・路側帯や自転車道を横切るときには、直前で**一時停止**するとともに、歩行者や自転車の通行を妨げないようにしなければなりません。歩行者などがいない場合も、必ず直前で一時停止します。

② 歩行者専用道路の通行禁止と例外

車は、歩行者用道路を通行してはいけません。しかし、沿道に車庫を持つ自動車などで、とくに通行を認められた車だけは通行できます。

歩行者用道路を通行するときには、とくに歩行者に注意して、**徐行**しなければなりません。歩行者がいなくても必ず徐行します。なお、徐行については、第2章第4節を参照してください。

STEP UP！

●施設への出入りの注意

コンビニエンスストアやガソリンスタンド、駐車場などの施設の出入口には、歩道や路側帯があることが多いため注意しましょう。

施設への出入りの際に、自転車と衝突する「出会い頭事故」がよく起きています。とくに、施設を出る場合は、建物や壁のために左右の見通しが悪いことも多いです。道路へ出る前に一時停止したあと、左右が確認できる位置で再度停止する「2回以上の停止」を行い、出会い頭事故を防ぎましょう。

交通状況による進入禁止

① 混雑防止のための交差点への進入禁止

　　　交通整理の行われている交差点に進入しようとする車は、前方の交通が混雑しているため交差点内で止まるおそれがあるときは、信号が青色でも交差点に入ってはいけません。進入を控え、交差方向の車の通行を妨げないようにします。

② 停止禁止部分などへの進入禁止

　　　前方の交通が混雑しているため、警察署や消防署の前など「停止禁止部分」の標示がある場所や、踏切、横断歩道、自転車横断帯で止まるおそれがあるときは、進入してはいけません。

図 **2-4** 　交通状況による進入禁止の場所

①交差点　　　　　　　　　②停止禁止部分

CHECK! ··

　交差点や停止禁止の標示部分に止まって動けなくなる原因には、車間距離不足が考えられます。車間距離を十分に確保しておけば、先が渋滞していて進めないことに気づきやすくなります。

走行規則②交差点

1 交差点の通行方法

① 左折の方法

左折は、次の手順で行います。

①左後方にバイクなどの二輪車が近づいてきていないことを確認します。確認は、ルームミラーと左側のサイドミラーを見て、左側のサイドミラーの死角を直視して行います。

②進路変更の**約3秒前**に、合図を左に出します。

③もう一度、左後方に二輪車が近づいてきていないことを確認します。確認は、左側のサイドミラーを見て、左側のサイドミラーの死角を直視して行います。なお、確認をしながら進路を変え始めないように注意します。

④速度を少しずつ落としながら、自車を道路の左端に寄せます。交差点の**約30m手前**では、進路を変え終わっていることが理想です。

⑤交差点に進入する直前（交差点の**約5m手前**）で、左後方に**二輪車が近づいてきていないことを確認**します。

⑥左端に沿って、交差点内を**徐行**で曲がります。

② 右折の方法

右折は、次の手順で行います。

①右後方に他の車が近づいてきていないことを確認します。確認は、ルームミラーと右側のサイドミラーを見て、右側のサイドミラーの死角を直視して行います。

②進路変更の**約3秒前**に、合図を右に出します。

図 3-1 交差点の通行方法

左折 右折

③もう一度、右後方に他の車が近づいてきていないことを確認します。確認は、右側のサイドミラーを見て、右側のサイドミラーの死角を直視して行います。なお、確認をしながら進路を変え始めないように注意します。

④速度を少しずつ落としながら、自車を道路の中央に寄せます。交差点の**約30m手前**では、進路を変え終わっていることが理想です。

⑤曲がり始める前に**対向車や横断者などの有無を確認**します。このとき、対向車の切れ目が短く徐行で曲がれない場合は、**交差点内で停止**して待ちます。

⑥交差点の中心のすぐ内側を通り、**徐行**で曲がります。

CHECK! ....

●右折・左折時は交差点内を徐行

　交差点付近には、横断歩道が設置されていることが多く、横断者などがいる場合は、停止して進路をゆずりましょう。

　また、交差点の入り口には標識も多く、進入禁止や速度規制がないかなどを確認しましょう。

2 交差点の優先関係

　交通整理の行われていない交差点では、次のような場合は交差道路が優先道路となります。車は、徐行するとともに優先道路を通行する車や路面電車の進行を妨げてはいけません。

・交差道路に標識・標示で優先道路であることが示されている場合
・交差道路から交差点の中まで中央線や車両通行帯の標示がある場合
・交差道路の道幅が広い場合

図3-2　交差道路が優先道路となる場合

①交差道路に標識・標示で優先道路であることが示されている場合

②交差道路から交差点の中まで中央線や車両通行帯の標示がある場合

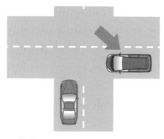

③交差道路の道幅が広い場合

※②③の場合は、矢印で示す車の進行を妨げてはいけません。

　また、交通整理の行われていない交差点では、道幅が同じような道路の場合(**図3-3**)は、路面電車や左から進行してくる車の進行を妨げてはいけません。

交差する道路の道幅が同じ場合

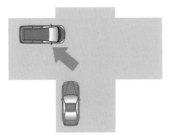

※矢印で示す左から来る車の進行を妨げてはいけません。

3 交差点の事故防止方法

交差点では、次のようなことに注意して事故防止に努めましょう。

STEP UP !

●右直事故の防止方法

右折する車と反対側から直進してくる二輪車が衝突する、右直事故と呼ばれる形態の事故が多く発生しています。とくに、対向車が渋滞で止まっていたり、進路をゆずられたりすると、あわてて曲がろうとして事故の危険性が高まります。このような場合も、徐行して曲がりながら、反対側から直進してくる二輪車や、横断する歩行者などに注意しておく必要があります。

また、交差点が狭かったり、止まっている対向車との距離が近かったりする場合は、次のように一時停止するようにしましょう。

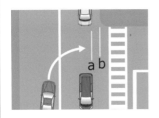

①aの位置で一時停止し、反対側から直進してくる二輪車を通らせたあと、bの位置まで徐行しながら進む。

②bの位置で一時停止し、横断する歩行者や自転車を確認したあと、徐行しながら進む。

ATTENTION !

●ラウンドアバウト

　ラウンドアバウトとは、環状になっている
交差点のことです。ヨーロッパで盛んに導入
されるようになり、日本でも事故の減少と混
雑の緩和を期待し、平成26（2014）年9月
1日より全国19か所で運用が始まりました。

　ラウンドアバウトには、以下の特徴があります。

①メリット

・進入時や通行時に徐行する必要があるため、事故のリスクが軽減される。

・災害時に停電が発生しても、信号機が使えないことによる交通網の混乱を
　防ぐことができる。

・自動車が一定速度で流れるため、混雑を緩和できる。

②デメリット

・交通量の多い都市部では、渋滞につながりやすい。

③注意事項

・環状内の交通が優先される。

・環状内は時計回り（右回り）の一方通行になっている。

・進入時や通行時は、徐行しなければならない。

・出口では左の合図が必要である。

第1章　運転技能

第2章　交通法規

第3章　運転行動

第4章　模擬問題

●見通しが悪い交差点での「2回以上の停止」

　信号のない交差点や、施設から優先道路へ出る際に多く発生しているのが、出会い頭の事故です。

　交差点や歩道などの直前で停止しても、建物などによって左右の見通しが悪い場合は、再度停止を行う「2回以上の停止」を実践しましょう。

①物陰から急に出てくる自転車などとの衝突を避けられるように、交差点や歩道などの直前（停止線がある場合は停止線の直前）で停止する。

②優先道路上の歩行者や車に気づけるように、左右の確認ができる位置までゆっくり進む。

③見落としや判断ミスによる出会い頭の事故を防止することができるように、再度停止を行って安全確認する。

①

②

③

CHECK！

　信号のない交差点では、「一時停止」の規制がある場合が多いですが、規制がない場合でも一時停止をしたり、見通しが悪い場合には2回以上の停止をしたりすることで、出会い頭の事故を防ぎましょう。ただし、優先道路を通行している場合は除きます。

走行規則③規制・法定速度

1 最高速度の指定

① 規制速度

　　車は、標識や標示によって最高速度が指定されている道路では、その速度（規制速度）を超えて運転してはいけません。また、補助標識によって特定の車の種類に限って最高速度が指定されている道路では、該当する車は、その速度を超えて運転してはいけません。

② 法定速度

　　車は、標識や標示によって最高速度が指定されていない、高速自動車国道を除く道路では、法定速度である**時速60km**を超えて運転してはいけません。なお、高速自動車国道の法定速度は、普通自動車の場合、「特定の区間」を除いて**最高時速100km・最低時速50km**です。

　　なお、「特定の区間」とは、高速自動車国道において、構造上、本線車道が通行方向別に分離されていない区間を指します。この区間では、一般道路と同じ法定速度です。

STEP UP！

●自動車の運転では急いでも早くは着かない

　速度超過は、毎年、違反取締件数の上位です。しかし、自動車の運転で急いでも、私たちが実感するほど早く目的地に着くということはありません。理由としては、次の２つがあります。

①距離差のリセット

　先程、自車を追い抜いて行った自動車に、信号で追いついたという経験をしたことがありませんか。これが１つめの理由です。

　制限速度を超えて走ったり、速度が遅い自動車を抜いたりしても、先に進めるのはその瞬間だけです。信号や渋滞で速度が落ちたり、止まったりするため、一瞬開いた差もリセットされます。

②距離差に対する時間的錯覚

　先行する自動車が速度を出して見えなくなると、自車がずいぶん遅れていると感じませんか。これが２つめの理由です。

　見えなくなった自動車は、今、500m先を走行しているとします。時速40kmで走行すると500m先の自動車との時間差は約１分です。一方、500mを時速3kmで歩くと約10分かかります。私たちは、歩行による速度での時間的な感覚を強くもっているため、見えなくなった自動車に対しても、10分に近いほうの遅れを感じるのです。そして反対に、制限速度を守って走る自動車を抜いて500m先を行くと、だいぶ時間差がついたと錯覚するのです。

　人類が自動車の速度を体験し始めて、歴史上、まだそれほど長い年月が経っていません。そのため、自動車の速度に感覚が追いついていないのです。

　自動車の運転では、「先急ぎは得ならず」と考え、衝動をコントロールできる人に優位性があるのです。詳しくは、第３章第１節を参照してください。

ATTENTION!

●速度超過の刑事処分・行政処分

　大幅な速度超過は停止距離を長くし、事故発生の危険性を高めます。また、万一事故が発生した場合には、被害を大きくする原因となります。

　そのため、高速自動車国道を除く道路では時速30km以上、高速自動車国道では時速40km以上の速度違反は、刑事処分で、6ヵ月以下の懲役または10万円以下の罰金が科され、いわゆる前科がつくこととなります。

　また、行政処分では、運転免許証に違反点数6点以上が加点され、前歴がない場合でも、免許が停止されます。

2　速度と停止距離

① 認知反応時間走行距離と制動距離

　　　事故になるような危険な事象が発生してから、車が完全に停止するまでに必要な距離を停止距離といいます。停止距離は、次の2つに分けられます。

①認知反応時間走行距離

　危険が発生してからブレーキが効き始めるまでの距離

②制動距離

　ブレーキが効き始めてから停止するまでの距離

図 4-1　停止距離

② 停止距離が長くなる場合

　　次のような場合には、通常よりも停止距離が長くなるため、注意が必要です。

①生理的要因・環境的要因・心理的要因により、認知反応時間が突発的に遅れた場合

　→認知反応時間走行距離が長くなります。詳しくは、第3章第1節を参照してください。

②雨にぬれた道路を走る場合や重い荷物を積んでいる場合など

　→制動距離が長くなります。

③タイヤがすり減っている場合

　→制動距離が長くなります。

　　路面が雨にぬれタイヤがすり減っている場合の制動距離は、路面が乾燥していてタイヤの状態がよい場合に比べて、2倍程度に延びることもあります。

③ 安全な車間距離の保持

　　車を運転するときは、前方の自動車が急に止まっても追突しないような安全な車間距離を確保する必要があります。天候、荷物の重さ、認知反応時間の突発的な遅れなどを考慮しましょう。

　　また、ブレーキをかけるときは、安全な車間距離を確保したうえで、ブレーキランプを点滅させるように数回に分けてかけると、後続車への停止の合図となって、追突事故の防止に役立ちます。

STEP UP！

●車間距離を確保するには車間時間

　追突事故は車両相互の人身事故のうち約４割を占め、また、車間距離の不保持は違反行為にもなります。

　事故や違反を防ぐためには、安全な車間距離を秒数で数える（車間時間を計る）方法が有効です。秒数で数えれば、速度による差異が小さく、距離を目測するよりも誤差が少なくなるためです。

　車間時間は、認知反応時間の突発的な遅れを考慮して、４秒以上を確保しましょう。

①前方の車が横断歩道や標識などの目印を通過したあと、４秒以上経過してから、自車が同じ地点を通過するようにします。

②「１、２、３、４」と数えると４秒に満たないことが多いため、「イチマルイチ、イチマルニ、イチマルサン、イチマルヨン」と、数字の前に「イチマル」を付けて数えます。

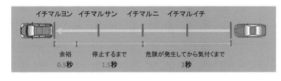

3　徐行の定義

　　徐行とは、車が**すぐに停止できるような速度**で進行することをいいます。

　　徐行すべき場所は、次のとおりです。

①「徐行」の標識があるところ

②左右の見通しがきかない交差点※

③道路の曲がり角付近

④上り坂の頂上付近

⑤勾配の急な下り坂

※②は、信号機などによる交通整理が行われている場合や、優先道路を通行している場合を除きます。

図4-2 徐行すべき場所の例

①左右の見通しがきかない交差点　②道路の曲がり角付近

　また、徐行すべき場所以外であっても、次のような場合には徐行しなければなりません。

①許可を受けて歩行者用道路を通行する場合

②歩行者などの側方を通過するときで、安全な間隔がとれない場合

③道路外に出るため、左折または右折する場合

④安全地帯がある停留所で、停車中の路面電車の側方を通過する場合

⑤安全地帯のない停留所で、乗降客がなく路面電車との間に1.5m以上の間隔がとれるときに、側方を通過する場合

⑥交差点で左折・右折する場合

⑦優先道路または道幅の広い道路に入ろうとする場合

⑧ぬかるみや水たまりのある場所を通行し、他人に迷惑をかけるおそれがある場合

⑨身体障がい者や児童、幼児、通行に支障のある高齢者などの通行を保護する場合

⑩歩行者のいる安全地帯の側方を通行する場合

⑪児童、幼児などの乗降のため、停車中の通学バスや通園バスの側方を
通過する場合

図 4-3 徐行しなければならない場合の例

①歩行者などと安全な間隔がと　②左折または右折する場合
れない場合

CHECK！···

　道路外へ出るために右折・左折を行う、交差点で右折・左折を行うという
場面は、日常的によくあることです。しかし、この場面で徐行しなければな
らないことを忘れている人が多いようです。

　右折・左折時には、歩行者や自転車、バイクなど交錯する対象も多いため、
事故を起こさないように徐行しましょう。

5

走行規則④歩行者保護

1 歩行者の保護

　車は、歩行者の近くを通るときは、安全な間隔をとったり、泥をはねたりしないように注意しなければなりません。自転車横断帯を含む横断歩道等（以下、横断歩道等）は、歩行者や自転車が安全に道路を横断するために設けられた場所です。横断歩道等に近づいたときは、状況に応じて**図5-1**のように行動します。

　そのほか、横断歩道等に近づいたときは、状況に応じて次のようにしなければなりません。

①横断歩道等の手前に停止している車があるとき

　横断歩道等の手前に停止している車の近くを通って前方に出る前に、一時停止をします。

②追い越しや追い抜きをするとき

　横断歩道等の手前から30m以内の場所では、軽車両を除く他の車を追い越したり追い抜いたりすることは禁止されています。

③横断歩道のないところで歩行者が横断しているとき

　歩行者が、横断歩道のない交差点や横断歩道のない交差点付近を横断しているときは、歩行者の通行を妨げないようにします。

図5-1 横断歩道等に近づいたとき

①横断者がいないことが明らかなとき

そのまま進むことができます。

②横断者がいるかいないか明らかでないとき

横断歩道等の手前（停止線があるときは停止線の手前）で停止できるように、速度を落として進まなければなりません。

③横断者や横断しようとしている人がいるとき

横断歩道等の手前（停止線があるときは停止線の手前）で一時停止をして、歩行者に道をゆずらなければなりません。

2 子どもや身体の不自由な人の保護

次のような場合には、**一時停止か徐行**をして、歩行者が安全に通行できるようにしなければなりません。

①子どもだけで歩いている場合

②身体障がい者用の車いすで通行している人がいる場合

③白色または黄色のつえを持った人が歩いている場合

④盲導犬を連れた人が歩いている場合

⑤上記①〜④のほか、歩行補助車などを使っている高齢者、視覚障が

第1章 運転技能

第2章 交通法規

第3章 運転行動

第4章 模擬問題

い・聴覚障がい・肢体不自由などの障がいのある人、松葉づえをついている人、妊産婦など、通行に支障のある人が通行している場合

そのほか、状況に応じて次のようにしなければなりません。

①停止中の通学バス・通園バスの近くを通るとき

児童、園児などが乗り降りするために止まっている通学バス・通園バスの近く通るときは、**徐行**して歩行者の安全を確かめます。

②学校付近や通学路などを通るとき

小学校、幼稚園、保育所などの付近や通学路の標識のあるところでは、子どもが突然飛び出してくることがあるため、とくに注意しましょう。

3 初心運転者・高齢運転者・障がいのある運転者などの保護

初心運転者標識や高齢運転者標識、聴覚障がい者標識、身体障がい者標識、仮免許練習標識を付けている車に注意します。危険を避けるためやむを得ない場合のほかは、側方に幅寄せをしたり、前方に割り込んだりしてはいけません。

図5-2 標識の種類

①初心運転者標識（初心者マーク）　②高齢運転者標識（高齢者マーク）

③聴覚障がい者標識　④身体障がい者標識　⑤仮免許練習標識

仮 免 許
練 習 中

6

走行規則⑤追い越し

1 追い越しを禁止する場所

次の場所では、自動車や原動機付自転車を追い越すために、進路を変えたり横を通り過ぎたりしてはいけません。

①標識により追い越しが禁止されている場所

②道路の曲り角付近

③上り坂の頂上付近と勾配(こうばい)の急な下り坂

④トンネル内（車両通行帯がある場合を除く）

⑤交差点と交差点の手前から30m以内の場所（優先道路を通行している場合を除く）

⑥踏切・横断歩道・自転車横断帯と踏切・横断歩道・自転車横断帯の手前から30m以内の場所

図6-1
追い越し禁止の標識

2 追い越しを禁止する場合

追い越し禁止の場所でなくても、次の場合は危険があるため、追い越しをしてはいけません。

①前の車が、さらに前方の自動車を追い越そうとしている場合（二重追い越しの禁止）

②前の車が、右折などのため右側に進路を変えようとしている場合

③道路の右側部分に入って追い越しをしようとするとき、反対方向からの車や路面電車の進行を妨げる場合

図6-2
反対方向からの車や前の車の進行を妨げる場合

81

④道路の右側部分に入って追い越しをしようとするとき、前の車の進行
を妨げなければ道路の左側部分に戻ることができない場合

⑤後ろの車が、自車を追い越そうとしている場合

ATTENTION！

●追い越しに必要な距離と時間

　時速40kmで走る前の自動車を時速50kmで追い越すのに必要な距離と時間は、次のとおりです。

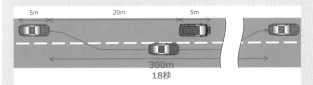

　1台抜くだけで、約300mと18秒という距離と時間が必要です。先急ぎによって得られるものと、先急ぎにともなうリスクを考え、慎重に判断しましょう。

7 走行規則⑥駐車・停車

1 駐車と停車の定義

まず、駐車と停車の意味を理解し、駐車・停車ともに禁止されている
場所と、駐車だけが禁止されている場所を間違えないようにしましょう。

①駐車の定義

1) 車が継続的に停止すること

・客待ち・荷待ちによる停止

・5分を超える荷物の積み降ろしのための停止

・その他、故障などによる停止

2) すぐに運転できない状態で停止すること

②停車の定義

1) 駐車にあたらない停止のこと

・人の乗り降りのための停止

・5分以内の荷物の積み降ろしのための停止

2) すぐに運転できる状態で短時間停止すること

2 駐車・停車の禁止と例外

① 駐停車禁止の場所

図7-1の場所には、駐車も停車もしてはいけません。

図 7-1 駐停車禁止の場所

① 「駐停車禁止」の標識や標示のある場所

② 路面電車が通行するための軌道敷内

③ 坂の頂上付近や勾配の急な上り坂・下り坂

④ トンネル内（車両通行帯がある場合を含む）

⑤ 安全地帯の左側と安全地帯の前後10m以内の場所

⑥ 交差点と交差点の端から5m以内の場所

⑦ 道路の曲り角から5m以内の場所

⑧ 横断歩道・自転車横断帯と横断歩道・自転車横断帯の端から前後
5m以内の場所

⑨ 踏切と踏切の端から前後10m以内の場所

⑩ バス・路面電車の停留所の標示板・標示柱から10m以内の場所
（運行時間中に限る）

② 駐車禁止の場所

　図7-2の場所には、駐車してはいけません。ただし、警察署長の許可を受けたときは、駐車することができます。

図7-2 駐車禁止の場所

①「駐車禁止」の標識や標示のある場所

②火災報知機から1m以内の場所

③消防用機械器具置場・消防用防火水槽のある道路と道路に接する出入口から5m以内の場所

④消火栓・指定消防水利※の標識が設けられている位置や、消防用防火水槽の取り入れ口から5m以内の場所

※消防水利：消防隊が消火活動を行う際の水源を指します。消火栓や防火水槽のほか、プール、河川などがあります。

⑤駐車場・車庫などの自動車用の出入口から3m以内の場所　⑥道路工事の区域の端から5m以内の場所

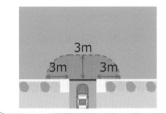
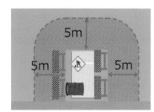

③ 無余地駐車禁止の場所

　車を駐車すると右側の道路上に3.5m以上の余地がなくなる場所では、駐車をしてはいけません。

図7-3
駐車に必要な余地

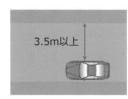

3.5m以上

第1章 運転技能
第2章 交通法規
第3章 運転行動
第4章 模擬問題

また、標識により「駐車余地」が指定されている道路では、指定の幅の余地がとれなければ駐車してはいけません。

ただし、次の場合は、例外として駐車することができます。

①荷物の積み降ろしを行うためであり、運転者がすぐに運転できる場合

②傷病者の救護のためやむを得ない場合

3 駐車・停車の方法

駐車・停車は、状況に応じて次の方法で行わなければなりません。

①歩道や路側帯のない道路

道路の左端に沿って駐車・停車します。

②歩道のある道路

車道の左端に沿って駐車・停車します。

③路側帯のある道路

1）路側帯の幅が0.75m以下の場合

車道の左端に沿って駐車・停車します。

2）路側帯の幅が0.75mを超える場合

路側帯に入り、車の左側に歩行者の通行のため0.75m以上の余地を空けて駐車・停車します。ただし、実線と破線の路側帯（駐停車禁止路側帯）や、2本の実線の路側帯（歩行者用路側帯）のあるところでは、路側帯に入ってはいけません。

図7-4 路側帯のある道路での駐車・停車の方法

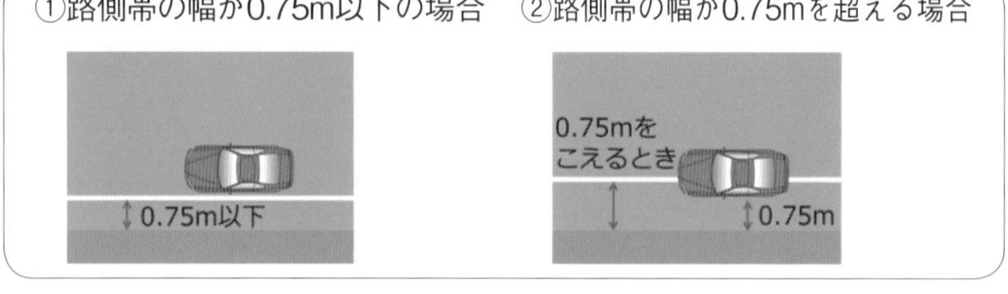

①路側帯の幅が0.75m以下の場合　　②路側帯の幅が0.75mを超える場合

0.75m以下

0.75mをこえるとき

0.75m

④ 高速自動車国道

高速自動車国道は、歩行者の通行が禁止されています。やむを得ない場合は、路側帯に入って、道路の左端に沿って駐車・停車します。

なお、道路に平行して駐車・停車している自動車と並んで駐車・停車する二重駐停車は禁止されています。また、標識や標示により駐車・停車の方法が指定されているときは、その方法に従います。

4 駐車時間の制限

運転者が道路を車庫代りの保管場所として使用しないように、長時間の駐車は禁止されています。道路上の同じ場所に、昼間は12時間以上・夜間は8時間以上、引き続き駐車してはいけません。ただし、特定の村の区域内の道路を除きます。

CHECK !

駐車禁止の場所でなくても、自動車を長時間駐車しておくと、車庫代りに使用しているものとみなされます。

8 走行規則⑦高速道路

1 高速道路の種類

　　高速道路には、次の道路があります。高速自動車国道と自動車専用道路との違いに注意しましょう。

・高速自動車国道：道央自動車道、東北自動車道、関越自動車道、東関東自動車道、北関東自動車道、中央自動車道、名神高速道路、東名高速道路、北陸自動車道、東名阪自動車道、中国自動車道、山陽自動車道、九州自動車道など

・自動車専用道路：首都高速道路、名古屋高速道路、阪神高速道路、福岡高速道路など

2 速度と車間距離

① 最高速度・最低速度の遵守

　　標識や標示で最高速度や最低速度が指定されているところでは、標識や標示に従います。速度が指定されていない高速自動車国道の本線車道では、**表8-1**に従ってください。また、速度が指定されていない自動車専用道路では、一般道路と同じ法定速度に従ってください（第2章第4節1参照）。

表8-1 本線車道の規制速度

自動車の種類	大型乗用自動車／中型乗用自動車／車両総重量8t未満、最大積載量5t未満の中型貨物自動車／普通自動車（三輪の自動車、牽引自動車を除く）／大型自動二輪車／普通自動二輪車（総排気量125cc以下を除く）	大型貨物自動車／車両総重量8t以上、最大積載量5t以上の中型貨物自動車／三輪の自動車／大型特殊自動車／牽引自動車
最高速度	時速100km	時速80km
最低速度	時速50km	

　なお、法令の規定に従う場合や危険を防止する場合には、最低速度を守る必要はありません。また、道路の構造上、本線車道が往復の方向別に区分されていない区間では、**表8-1**の適用はなく、一般道路と同じ規制速度となります。

CHECK！

　第2章第4節で述べたとおり、自動車専用道路の法定速度は時速60kmです。とくに標識を設置し速度を指定してあるときには、その速度が最高速度となります。

---

② 安全な車間距離の保持

　高速自動車国道でも、車間距離の不足による追突事故が多く発生しています。

　高速自動車国道での車間時間（第2章第4節2参照）は**6秒以上**を目安とします。定期的に秒数を数えて、車間距離が保持されていることを確かめましょう。

3 通行区分・通行禁止

　　高速自動車国道の本線車道の通行区分は、原則として車両通行帯のある一般道路の場合と同じです。

　　なお、高速自動車国道の路側帯や路肩は、通行してはいけません。

4 駐車・停車の禁止と例外

　　高速自動車国道では、駐車・停車をしてはいけません。しかし、次のような場合は、駐車や停車をすることができます。

①危険防止などのため一時停止する場合

②故障などのため十分な幅のある路側帯や路肩にやむを得ず駐停車する場合

③パーキングエリアで駐車・停車する場合

④料金の支払いなどのため停車する場合

5 故障時などの措置

① 路側帯・路肩の利用

　　高速自動車国道で、やむを得ず駐停車する場合には、十分な幅のある路側帯または路肩に駐車・停車してください。

② 故障車の表示

　　故障などで路側帯や路肩に駐車した場合は、次のように故障車であることを表示しなければなりません。

・昼間：自動車の後方の路上に停止表示器材を置く。

・夜間：自動車の後方の路上に停止表示器材を置

図 8-1
夜間の故障車の表示

き、非常点滅表示灯（ハザードランプ）
か駐車灯（パーキングランプ）または尾
灯（テールランプ）をつける。なお、昼
間であっても視界が200m以下の場合は、
夜間と同様に行う。

③ 表示するときの注意

故障車の表示にあたり、次の点に注意します。

① 停止表示器材を置くときは、後続車に十分注意し、発炎筒を使って合
図などをする。

② 横風の強い場合などに停止表示器材を置くときは、倒れるなどしない
ように必要な措置をとる。

③ 修理などが終わり現場を立ち去るときは、停止表示器材を置き忘れな
いようにする。

④ 運転ができなくなったとき

故障や燃料切れなどにより運転することができなくなったときは、次
のように行動します。

図 8-2　非常電話

① 110番通報で警察に連絡する。

② 近くの非常電話でレッカー車※を呼ぶなどして、
安全な場所へ移動する。

※レッカー車：他の自動車の前輪または後輪を吊り上げ、牽
　　　　　　引するための装置を持つ特種用途自動車のこ
　　　　　　とです。

③ 可能であれば、低速ギアに入れ、セルモーター※を使って路側帯や路
肩へ移動する。なお、オートマチック車やクラッチ・スタートシステ
ムを装着したマニュアル車では、この方法は使えない。

※セルモーター：エンジンを始動させるためのモーターのことです。

⑤ 荷物が転落・飛散したとき

荷物が転落・飛散したときは、次のように行動します。

①110番通報で警察に連絡する。

②近くの非常電話で荷物の除去を依頼する。

ATTENTION！

●荷物の除去

転落・飛散した荷物の除去は、大変危険な作業になります。決して運転者自身で行おうとしないでください。

⑥ 車外への避難

駐車中、後続車に追突されるおそれがあります。必要な危険防止措置をとったあとは車に残らず、**ガードレールの外側などの安全な場所**に避難しましょう。

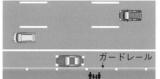

図 8-3 避難場所の例

ガードレール

CHECK！

電光掲示板には、故障車や落下物があることや、渋滞・通行止めなどの情報が表示されます。

ATTENTION！

●知らない人も多い高速道路でよくある違反

高速道路での違反行為を多い順にあげると、次のようになります。

- ・1位：速度違反
- ・2位：シートベルト不使用
- ・3位：通行帯違反
- ・4位：携帯電話使用

走行車線が空いているにもかかわらず、何気なく追い越し車線を走行し続けていると、通行帯違反に該当します。ただし、走行車線に自動車が連なっていて戻れないときには、戻れる間隔が見つかるまで走行し続けても問題はありません。

なお、通行帯違反は、とくに高速道路に特化したものではなく、一般道路でも適用されます。

STEP UP！

●眠くなったらミント系が効果的

高速道路は、道路環境が単調であるために眠くなりやすいという特徴があります。

眠気を覚ますためには、窓を開ける、ガムを噛むなどの対処方法がよくあげられますが、なかでも嗅覚を刺激するミント系のガムやキャンディなどは効果的であるといわれています。

ただし、眠気を感じた場合には休息をとることが一番です。サービスエリア（SA）やパーキングエリア（PA）を利用し、仮眠をとったり、軽く体を動かしたりするなどの対処をしてください。

ATTENTION！

●高速道路の運転で知っておきたいこと

①ハイドロプレーニング現象

　ハイドロプレーニング現象とは、自動車が
水のたまった道路を高速走行時に起こる現象
で、タイヤと路面の間に水が入り込んだ結
果、自動車が水の上に浮いたような状態にな

ここに水の膜ができる

るというものです。ハンドル操作やブレーキがまったく効かない操作不能状
態に陥るため、非常に危険な現象です。

　ハイドロプレーニング現象が発生したときには、アクセルを緩め、速度が
自然に落ちて、タイヤと路面との摩擦力（グリップ）が回復するまで何もし
ないようにしてください。ハンドルを動かしたりブレーキをかけたりする行
為は、グリップが回復したときにスリップする原因となりますので、絶対に
行わないでください。

　ハイドロプレーニング現象が発生する原因として考えられるものは、速度
の出し過ぎのほか、タイヤの状態不良です。タイヤの溝の残りが少なくなっ
ていたり、空気圧が低くタイヤの接地面が大きくなったりしていると、タイ
ヤの排水能力が低下し発生しやすくなります。日常点検により、タイヤの状
態不良を早めに見つけ対処を行うことが大切です。

　なお、タイヤの適正な空気圧は、車種によって異なります。規定の空気圧
は、運転席のドアの開口部付近に記載されています。月に1回は、エアゲー
ジ※で空気圧の測定を行い、規定の数値を下回らないようにし、上回る場合
でも10％程度にとどめておいてください。

※エアゲージ：タイヤの空気圧を測定する計器のことです。ガソリンスタンドやカー
　　　　　　　ショップ、整備工場、ディーラーなどには必ず設置されています。

②スタンディングウェーブ現象

　スタンディングウェーブ現象とは、空気圧が低いタイヤで高速走行を行った場合、タイヤの接地面より後方が波状に変形するという現象です。スタンディングウェーブ現象が続くと、タイヤが急速に加熱し、最終的にはタイヤが破裂（バースト）することとなります。

　スタンディングウェーブ現象の発生を防ぐためには、速度を控えめにし、タイヤの空気圧を適正に保ち、過積載や方荷にならないよう積載量・積載方法に気をつけることが必要です。

③ETCの使用の注意

　ETCは、電子料金収受システム（Electronic Toll Collection System）の略称で、有料道路を利用する際に停止することなく料金支払いが可能なノンストップ自動料金収受システムのことです。

　ETCの開閉バーは、車載器・路側機の故障による通信不良や、ETCカードの差し忘れ、ETCカードの有効期限切れなどで開かないことがあります。

　ETCの利用規約によると、開閉バーが開かずに衝突などの事故が発生した場合、開かない原因が運転者にないときでも、事故の責任は一般に運転者が負うこととなっています。また、安全速度の時速20kmを超えた危険な速度で通過しようとして、開閉バーが開かずに急ブレーキをかけた場合、違反行為となります。さらに、急ブレーキによって後続車が追突した場合、追突車・被追突車ともに交通事故の責任を問われることとなります。

　万が一、開閉バーが開かなかったとしても、危険防止のため、決して自動車を後退させてはいけません。その場で係員の指示を待ってください。

一般規則①飲酒運転・携帯電話などの禁止事項

1 飲酒運転などの禁止

① 酒気帯び運転・酒酔い運転の禁止

　　道路交通法第65条第1項には、「何人も、酒気を帯びて車両等を運転してはならない」と明記されています。酒気帯び運転・酒酔い運転は、正常な運転を阻害し、一歩間違えれば本人だけでなく、関係のない他人をも巻き込む重大な事故につながります。

　　必ず、次のことを守りましょう。

①少量であっても酒を飲んで**車を運転しない**。

②これから車を運転する可能性のある人に**酒を出したり、飲酒をすすめたりしない**。

③少量でも酒を飲み、これから運転する可能性のある人に**車を貸さない**。

④運転者が酒を飲んでいることを知りながら、送迎を要求したり依頼したりして、運転者の車に**同乗しない**。

② 酒気帯び運転・酒酔い運転の罰則

①酒気帯び運転

　　車両の運転者・提供者は、3年以下の懲役または50万円以下の罰金が科されます。

1）呼気中アルコール濃度0.15mg/ℓ以上0.25mg/ℓ未満の場合

　→基礎点数13点加算、免許停止期間90日

2）呼気中アルコール濃度0.25mg/ℓ以上の場合

　→基礎点数25点加算、免許取り消し、欠格期間2年

　　また、酒類提供者、飲酒をすすめた人、同乗者は、2年以下の懲役ま

たは30万円以下の罰金が科されます。

②酒酔い運転

車両の運転者・提供者は、5年以下の懲役または100万円以下の罰金が科されます。

・呼気中アルコール濃度とは関係なく、アルコールの影響により車両等の正常な運転ができない状態の場合

　　→基礎点数35点加算、免許取り消し、欠格期間3年

また、酒類提供者、飲酒をすすめた人、同乗者は、3年以下の懲役または50万円以下の罰金が科されます。

③ アルコールが運転に及ぼす影響

飲酒時には、安全運転に必要なさまざまな情報処理能力が低下するといわれています。具体的には、次のような現象が見られます。

・気が大きくなり速度超過などの危険な運転をする

・車間距離の判断を誤る

・危険な事象が発生してからブレーキペダルを踏むまでの時間が長くなる

酒を飲んでいないときは認知反応時間（第3章第1節参照）の変動が小さい人であっても、酒を飲むとほとんどの人の認知反応時間の変動が大きくなります。このため、**突発的な遅れも発生しやすくなります。**

④ アルコールの分解に必要な時間

体質や体重などの個人差はありますが、1時間に分解できるアルコールの量は平均して4g程度であるといわれています。

アルコールを完全に分解するのに必要なおおよその時間は、次の式によって求めることができます。

アルコールを分解するのにかかる時間（時間）
≒酒の量（ｍℓ）×アルコール度数（%）×0.01×0.8÷4

　　5 ％のビールを500mℓ飲んだ場合、500×5×0.01×0.8÷4＝5となり、分解に約5時間必要という計算になります。翌日、運転が必要であれば、出発時間までの残り時間を考えて酒を飲むことが必要です。

　　また、就寝することにより**代謝の速度が落ち、アルコールの分解は遅くなる**といわれています。二日酔いの状態で運転することのないように十分注意してください。

ATTENTION! -

●飲酒運転は運転者の意識で根絶できる

　飲酒運転による交通事故は、かけがえのない命を失った家族、命を奪った運転者、どちらの人生も非常につらく苦しみをともなうものとなります。

　飲酒運転による交通事故で、ご子息を失った山本美也子氏は、同じつらい思いをする人を二度とつくらないために「NPO法人はぁとスペース」(http://heart-space.net/) を設立し、全国の運転者に飲酒運転をしないように呼びかける活動を行っています。

2　携帯電話などの使用の禁止

　　車を運転し走行しているときは、携帯電話などを使用したり、カーナビゲーション装置などに表示された画像を注視したりすると、認知・判断・操作に悪い影響を与えるため、大変危険です。

　　道路交通法でも、走行中は、携帯電話などを使用したり、カーナビゲーション装置などの画面を注視したりすることが禁止されています。携帯電話などについては、運転を始める前に電源を切るかドライブモードに

設定するなどして、着信音が鳴らないようにしておきましょう。携帯電話などをやむを得ず使用するときは、必ず安全な場所に停止してからにしましょう。

10

一般規則②緊急自動車への対応・事故時の対応

1 緊急自動車への対応

① 交差点・交差点付近

車は、交差点や交差点付近で緊急自動車※が近づいてきたときは、状況に応じ**図10-1**の手順により、進路をゆずらなければなりません。

※緊急自動車：人命救助や火災対応などの理由で急を要する業務に利用される自動車のことです。消防車、救急車、パトカーなどがあります。

図10-1 交差点・交差点

①一般的なとき

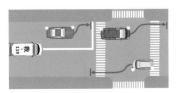

→**交差点を避けて、道路の左側に寄って一時停止します。**

②一方通行の道路で、左側に寄るとかえって緊急自動車の妨げとなるようなとき

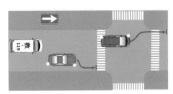

→**交差点を避けて、道路の右側に寄って一時停止します。**

② 交差点・交差点付近以外の場所

　　車は、交差点や交差点付近以外の場所で緊急自動車が近づいてきたときは、状況に応じ**図10-2**の手順により、進路をゆずらなければなりません。

図 10-2 交差点・交差点付近以外の場所

①一般的なとき

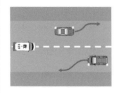

→道路の左側に寄って進路をゆずります。

②一方通行の道路で、左側に寄るとかえって緊急自動車の妨げとなるようなとき

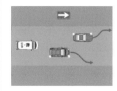

→道路の右側に寄って進路をゆずります。

2　事故発生時の対応

① 事故発生時の運転者の義務

　　事故が発生したときは、後続事故を防ぐため、車を路肩や空き地などの安全な場所に移動させ、エンジンを切ります。

　　負傷者がいる場合は、可能な応急救護処置を行います。とくに頭部に傷を受けているときは、むやみに負傷者を動かさないようにします。ただし、後続事故のおそれがある場合は、早く負傷者を救出して安全な場

所に移動させます。

② 事故の被害者になったとき

　　　事故の被害者になったときは、受けたけがの程度がたとえ軽くても、必ず警察署に届けておきましょう。届け出をしていないと、損害保険の請求をするときに必要な交通事故証明書を受けることができなくなり、後日、不利になることがあります。

　　　また、外傷がなくても医師の診断を受けましょう。体内で出血していたり、あとになって後遺症が起きたりすることがあります。

③ 事故の現場に居合わせたとき

　　　負傷者の救護、事故車両の移動などに進んで協力しましょう。

　　　「ひき逃げ」を見かけたときは、負傷者を救護するとともに、110番通報などで警察官に届け出ましょう。事故を起こした自動車のナンバー、車種、色など特徴を伝えます。

　　　なお、事故現場には、ガソリンが流れ出たり、積荷に危険物が含まれていたりすることがあります。事故現場では、煙草を吸ったり、マッチを捨てたりしないようにしましょう。

11

一般規則③悪条件下での運転

第2章 交通法規

1 夜間の運転

　夜間は、昼間に比べて歩行者や他の車両が見えにくくなります。危険な事象が発生していることに気がつくのが遅れるため、事故が発生しやすくなります。昼間以上に慎重な運転を心がけてください。

① 前照灯の照射範囲

　前照灯（ヘッドライト）の照射範囲は、上向き（ハイビーム）で100m先まで、下向き（ロービーム）で40m先までとなっています。照射範囲内で停止できる速度で走行しなければ、事故が発生する可能性が高くなります。

図 11-1 前照灯の照射範囲

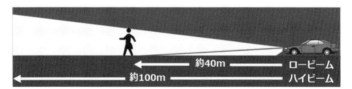

　たとえば、時速60kmで走行した場合、停止距離は44mとなります。したがって、前照灯を下向きのままで走行しているときに危険な事象が発生しても、それを避けることは大変困難であるといえます。

　また、夜間は、黒色系の服を着ている歩行者や自転車に乗っている人は、見えにくいことがあります。

② 対向車のライトと眩惑

　　対向車のライトの光を直接目に受けて目がくらみ、一瞬物が見えなくなることを眩惑といいます。対向車のライトを直接目に受けることがないように、**視点をやや左前方にずらしてください**。また、対向車とすれ違うときには、対向車のドライバーがまぶしくならないように、ライトを下向きにします。

③ 蒸発現象

　　夜間走行中、自車のライトと対向車のライトで、道路の中央付近の歩行者が見えなくなることを蒸発現象といいます。蒸発現象は、街灯が少ない暗い道路で起きやすく、住宅地などではとくに注意が必要です。対向車とすれ違うときには、あらかじめ減速して走行しましょう。

図 11-2　　蒸発現象

④ 夜間の運転と距離感

　　二輪車は、四輪車に比べて前照灯の照度が低く、数も１つだけの場合が多いため、対向する二輪車までの距離を実際よりも遠くに感じたり、見落としたりすることがあります。また、大型自動車は、普通自動車に比べて前照灯や尾灯（テールランプ）の取り付け位置が高い車があるため、対向する大型自動車との距離や自車の前を走っている大型自動車までの**距離を実際よりも長く判断しがち**です。注意して走行しましょう。

図 11-3 夜間の大型自動車との距離感

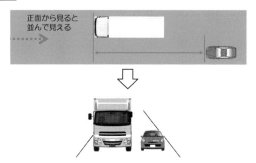

2台が並んで見えていても、大型自動車のほうが近い距離にある場合もある。

CHECK！ ・・

前照灯は自車の前方を照らすことだけではなく、自車の存在をアピールするためにも有効な手段です。早めの点灯を心がけましょう。

2　荒天時の運転

① 雨天時

①視界の確保

ワイパー、曇り止め、ライトを使用します。

1）雨が強くなり始めたとき

ワイパーを早めに作動させます。

2）ガラスに曇りが出たとき

デフロスターやエアコンを使用し、視界を確保します。

昼間であってもライトをつけ、自車の存在をアピールしましょう。

②路面への注意

急発進や急ブレーキは、横すべりなどにつなが
るため避けましょう。とくに、路面電車のレール
や鉄板、マンホールの上では注意が必要です。

図 11-4
雨天時のマンホールの
見え方

停止距離も長くなるため、速度を控えめにし、
車間距離をより長く確保しましょう。

② 降雪時

①視界の確保

雪が降っているときは、視界が低下し前方が見
えにくくなります。雪が晴れても、風が吹くこと
によって積もった雪が舞い上がり、前方が見えな
くなることがあります。

図 11-5
吹雪による視界低下

また、除雪のために雪が高く積まれることによ
り死角が生じ、歩行者や自転車が見えにくくなる
こともあります。

②スリップの防止

雪道や凍結した道路では、すべり止め対策として、必ずタイヤチェー
ンやスタッドレスタイヤなどを装着してください。

ブレーキは自動車がまっすぐに向いているときにだけ使用するように
心がけます。右折・左折時やカーブの手前では、まず、ブレーキを使っ
て減速したあとに、適切なギアでのエンジンブレーキを使用します。

雪道や凍結した道路で停止するときは、エンジ
ンブレーキで十分に減速したあと、ブレーキペダ
ルを数回に分けて踏みます。

図 11-6
轍のある道路

なお、積雪でガードレールや雨水などを排水す
るための側溝が隠れることがあります。路肩には

寄らずに、なるべく中央を走るようにしましょう。他車のタイヤの跡で
轍（わだち）ができている場合は、できるだけ轍を走行するのが安全です。

第1章 運転技能

第2章 交通法規

第3章 運転行動

第4章 模擬問題

12

一般規則④自動車の登録・検査と保険制度

1 自動車の登録と検査

① 登録と検査

　自動車（小型特殊自動車と小型二輪車を除く）は、登録を受けて（届け出をして）、番号標（ナンバープレート）を付けなければなりません。

　さらに、自動車（検査対象外軽自動車や小型特殊自動車を除く）は、一定の時期に検査（車検）を受け、自動車検査証の交付を受けていなければ運転できません。

　また、自動車の所有者は、自動車の車種や用途によって定められた時期に定期点検を実施し、必要な整備をしなければなりません。

ATTENTION!

●主な車検の時機

検査を受ける時期には、1年ごとと2年ごとがあります。

1年ごとに検査を受ける自動車	2年ごとに検査を受ける自動車
①事業用 660cc以下の自動車と大型自動二輪車、普通自動二輪車を除く自動車 ②自家用 1）660cc以下のものを除く貨物自動車 2）660cc以下のものを除く乗車定員11人以上の乗用自動車 ③レンタカー 660cc以下のものを除く自動車	①自家用 1）乗車定員10人以下の乗用自動車 2）660cc以下の貨物自動車 3）大型自動二輪車 4）250cc以下のものを除く普通自動二輪車 ②レンタカー 660cc以下の自動車

なお、2年ごとに検査を受ける自動車のうち、自家用の乗用自動車（車両総重量8t未満に限る）および自動二輪車は、初回は3年目となります。

CHECK!

●車検切れに注意

無車検車の運転は違法であり、次の罰則があります。

①道路運送車両法違反

・違反点数6点加点

・6か月以内の懲役または30万円以下の罰金

②自動車損害賠償保障法違反

・違反点数6点加点

・1年以下の懲役または50万円以下の罰金

・違反点数6点

上記①②の合計12点が加点され、90日間の免許停止となります。

② 検査標章の表示

　自動車の検査に合格すると、自動車検査証とともに検査標章が交付されます。検査標章は、次の検査の時期（年月）を示すものです。

図 12-1
660cc以下の普通自動車の検査標章の例

　検査標章は、前面ガラスの内側に前方から見やすいように貼り付けて表示しなければなりません。

①自動車検査証・自動車損害賠償責任保険証明書などの備え付け

　検査を必要とする自動車は、**有効な自動車検査証**と**自動車損害賠償責任保険証明書（自賠責保険証明書）**または**自動車損害賠償責任共済証明書（責任共済証明書）**を備え付けていなければ運転してはいけません。

　また、検査を必要としない自動車や原動機付自転車であっても、自賠責保険証明書または責任共済証明書を備え付けていなければ運転してはいけません。

②自動車の管理

　自動車の所有者や使用者、管理者は、不用意に他人に自車を貸してはいけません。借りた人が交通事故を起こしたときには、事故の責任を負わなければならない場合があります。

2　自動車保険の種類としくみ

① 2種類の自動車保険

　交通事故を起こした場合、自動車の所有者や運転者には、被害者に対して損害賠償の責任が生じます。万一に備えて、必ず自動車保険に加入しておきましょう。自動車保険には、次の2種類があります。

①強制保険

　法律により加入することが義務付けられているものです。自動車損害賠償責任保険（自賠責保険）と自動車損害賠償責任共済（責任共済）が

あります。

②任意自動車保険（任意保険）

　自動車の所有者や運転者が任意で加入するものです。自家用自動車総合保険や自家用自動車保険などがあります。

3 強制保険

① 強制保険への加入

　農耕作業用小型特殊自動車を除く自動車や原動機付自転車は、自賠責保険または責任共済に加入していなければ、運転してはいけません。また、検査の必要な自動車は、いずれかの保険に加入していないと検査を受けられません。

② 保険金の請求

　交通事故による強制保険の保険金の請求方法には、次の2種類があります。

①加害者請求

　加害者が保険会社に対して請求を行うものです。

②被害者請求

　示談が円満に解決しないような場合に、被害者が加害者の加入する保険会社に請求を行うものです。

4 任意自動車保険

① 任意自動車保険加入の必要性

　強制保険で損害賠償できるのは**人身事故に限られ、賠償額にも限度があ**るため、十分な備えとはいえません。高額な損害賠償や物損事故、自損事故などに備えて、任意保険に加入しておきましょう。

② 事故の相談機関

　　　事故の当事者間で話し合いがつかない場合などには、**弁護士か都道府県交通事故相談所などの機関に相談**するようにしましょう。

③ 過失相殺

　　　交通事故は、当事者の一方だけの過失ではなく、両方に過失がある場合が少なくありません。被害者側に過失があった場合、事故の程度に応じて加害者の負担すべき損害賠償額を減額することがあり、これを過失相殺といいます。

　　　たとえば、信号機がなく交通整理が行われていない、道幅がほぼ同じ道路の交差点の直進車同士の事故について説明します（**図12-2**）。

　　　A・Bとも同程度の速度であった場合、Bは左側からの自動車の進行を妨げてはいけませんので（第2章第3節2参照）、基本的な責任の割合はA40％：B60％となります。AがBの自動車の修理代を賠償する場合、Bの責任の割合60％が相殺されることになります。たとえば、次のように計算されます。

図12-2　過失相殺の例

| Bの車修理代 50万円 | × | Aの責任の割合 40% | = | AからBへの賠償額 20万円 |

　　　なお、責任の割合はあくまでも一例であり、諸条件により異なります。

CHECK ! ....

●過失割合の決定

　警察官は、現場の確認と事故の当事者から状況確認を行い、事故事実の記録を行います。

　しかし、その後の過失割合の決定は、民事上の問題であるため、警察が介入することはありません。過失割合は、保険会社で協議し、決定するのが一般的です。

5 自動車保険の補償の範囲

強制保険（自賠責保険）と任意保険（自動車保険）では、補償の範囲が大きく異なります。

図 12-3 補償の範囲

○：補償あり　△：補償あり（上限額あり）　×：補償なし

	相手への補償		自身への補償		オプション
	死傷	自動車・物	死傷	自動車・物	示談交渉代行
強制保険 （自賠責保険）	△	×	×	×	×
	補償の上限額 ・傷害： 　120万円 ・死亡： 　3,000万円 ・後遺障害： 　4,000万円	範囲外	範囲外	範囲外	範囲外
任意保険 （自動車保険）	○	○	○	○	○
	対人賠償	対物賠償	人身傷害、 搭乗者傷害 など	車両保険	特約など

ATTENTION！

●任意保険のフリート契約とノンフリート契約

　フリート契約とは、自動車保険を契約している所有自動車・使用自動車が10台以上ある契約（保険会社が複数にまたがっている場合も含む）をいいます。ノンフリート契約とは、所有自動車・使用自動車が9台以下の場合の契約をいいます。したがって、個人の車両はノンフリート契約、会社の車両はフリート契約となっているのが一般的です。2つの契約の違いは次のとおりです。

	フリート契約者	ノンフリート契約者
保険料割増引※の適用方法	契約者単位で適用	自動車1台単位で適用
保険料割増引の決定方法	保険を契約している自動車全体について、契約者が支払った保険料と保険会社が支払った保険金との割合（損害率）により決定	1台ごとの事故の発生の有無・件数などにより決定（保険会社が支払った保険金の額とは無関係に決定）

※保険料割増引：保険料に適用される割増や割引のことです。

　フリート契約には割引率をはじめとして、ノンフリート契約にはないメリットがある反面、1件の事故の支払い保険金が保険料に大きく影響することもあります。たとえば、前年度70％割引から、翌年度40％割引に進行すると、年間保険料は約2倍になります。

　会社で使われている車を運転するときも、プライベート同様に安全運転を心がけましょう。

※保険会社や共済組合によっては、一部内容の異なるプランを扱っている場合があります。

第1章　運転技能

第2章　交通法規

第3章　運転行動

第4章　模擬問題

CHECK !··

●事故によるフリート契約保険料の増加の例

①昨年度の年間保険料は優良割引率70%で300万円

　　1,000万円－1,000万円×優良割引率70%＝300万円

②翌年度は事故が多発し割引率がマイナス30%進行

　　1,000万円－1,000万円×割引率40%＝600万円

　上記の例では、年間保険料は2倍になります。このように、事故の有無は
会社利益に大きく影響します。

確 認 問 題

問題1 図のような標示板がある場合の運転方法について、次の文章の（　　　　）に入る組み合わせとして、正しい選択肢を1つ選びなさい。

　　信号がある場合は、（　①　）に従って進み、（　②　）左折する。

- a ① 信号　　② 徐行しながら
- b ① 信号　　② そのままの速度で
- c ① 標識　　② 徐行しながら
- d ① 標識　　② そのままの速度で

問題2 図のような標識について、正しい選択肢を1つ選びなさい。

- a ここから時速50kmで走行してもよい。
- b ここで時速50kmの速度規制が終わりとなる。
- c 時速50kmの速度規制区間内である。
- d a〜cのいずれでもない。

問題3 図の標識のうち普通自動車が通行できるものはいくつあるか、選択肢を1つ選びなさい

- a 1つ
- b 2つ
- c 3つ
- d すべて通行できない。

117

問題4 図のように前方が混雑しているため停止している状況で<u>禁止されているものはいくつあるか</u>、選択肢より1つ選びなさい。

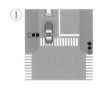

① ② ③

a　1つ
b　2つ
c　すべて禁止されている。
d　すべて禁止されていない。

問題5 信号や標識・標示のない、同じくらいの道幅の交差点での進行について、正しい選択肢を1つ選びなさい。

a　右側から進行してくる車の進行を妨げてはならない。
b　左側から進行してくる車の進行を妨げてはならない。
c　運転者の判断に任せられている。
d　a〜cのいずれでもない。

問題6 図のような停止線のない交差点で、横断する歩行者がいない場合に一時停止を行う位置として、正しい選択肢を1つ選びなさい。

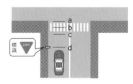

a　横断歩道の先
b　横断歩道の上
c　横断歩道の直前
d　標識の直前

問題7 歩道や横断歩道、歩行者用道路の通行の方法について、正しい選択肢を1つ選びなさい。

a 横断歩道の手前に停止している自動車がある場合、徐行してその自動車の横を通る。

b やむを得ず歩道を通行してコンビニエンスストアに出入りする場合、歩行者がいれば一時停止する。

c 許可を受けて歩行者用道路を通行する場合、徐行して通る。

d 歩道を横切ってコンビニエンスストアに出入りする場合、歩行者がいなければ徐行して入る。

問題8 必ず徐行しなければならない場面はどれか、正しい選択肢を1つ選びなさい。

a 見通しの悪いカーブに入るとき

b 優先道路に入るとき

c 歩行者の横を通るとき

d 黄色の点滅信号の交差点を直進するとき

問題9 信号の意味として、正しい選択肢を1つ選びなさい。

a 青色であっても、交差点の先が渋滞している場合は進入してはならない。

b 青色は「進め」の意味である。

c 赤色の点滅の場合、他の自動車や歩行者がいなければ徐行で進むことができる。

d 黄色の点滅の場合、優先して進むことができる。

問題10 駐車可能な場所として、正しい選択肢を1つ選びなさい。

a 一方通行の道路の右側

b 3mの幅がある歩道

c 交差点の端から10m離れた場所

d 運行時間中のバス停から10m離れた場所

問題1（第1節「信号・標識・標示」1）

正解：c

解説：図の「左折可」の標示板がある場合は、自動車は前方の信号が赤色や黄色であっても、歩行者や周りの交通に注意しながら左折することができます。なお、左折する場合は徐行しなければなりません。

問題2（第1節「信号・標識・標示」2）

正解：b

解説：図は交通規制の終わりを示す補助標識がついているため、速度規制が終わることを意味します。

問題3（第1節「信号・標識・標示」2）

正解：c

解説：②は「二輪の自動車・原動機付自転車通行止め」、③は「自転車通行止め」、④は「大型貨物自動車等通行止め」の標識であるため、普通自動車は通行することができます。

問題4（第2節「走行規則①車両通行の原則」5）

正解：c

解説：信号機により交通整理が行われている交差点のため、横断歩道の上で止まったり（①）、交差点内に自動車の一部分がかかって止まったり（②）、身動きがとれない状態になったり（③）してはいけません。

問題5（第3節「走行規則②交差点」2）

正解：b

解説：信号や標識・標示のない、同じくらいの道幅の交差点では、左側から進行してくる車の進行を妨げてはいけません。

問題6（第5節「走行規則④歩行者保護」1）

正解：c

解説：「止まれ」の指定がある場所で一時停止をするときは、停止線がない場合は交差点の直前で一時停止をしますが、横断歩道がある場合は横断歩道の

直前で一時停止をします。

問題7（第2節「走行規則①車両通行の原則」4、第5節「走行規則④歩行者保護」1）

正解： c

解説：横断歩道の手前に停止している自動車があるときは、その横を通って進む前に一時停止をしなければなりません。また、道路外の施設への出入りのために歩道や路側帯を横切るときは、歩行者の有無にかかわらず、歩道や路側帯の直前で一時停止しなければなりません。

問題8（第4節「走行規則③規制・法定速度」3）

正解： b

解説：信号などがなく見通しの悪い交差点や、道路の曲がり角付近では徐行しなければなりません。歩行者の横を通る際に安全な間隔がとれないときや、優先道路に入ろうとするときも徐行しなければなりません。また、黄色の点滅信号の交差点は他の交通に注意して進まなければなりませんが、必ずしも徐行する必要はありません。

問題9（第1節「信号・標識・標示」1）

正解： a

解説：信号の青色は「進め」ではなく、直進や左折・右折ができるという意味です。なお、赤色の点滅は、一時停止し安全を確認したあとに進むことができるという意味です。また、黄色の点滅は、他の交通に注意して進むことができるという意味です。

問題10（第7節「走行規則⑥駐車・停車」2）

正解： c

解説：道路の右側や歩道は、駐停車が禁止されています。また、運行時間中のバス停の標示柱から10m以内の場所や交差点の端から5m以内の場所なども、駐停車が禁止されています。

第3章

運転行動

ここでは、自動車を安全に運転するために必要な交通心理学的観点の知識を学習します。交通事故の発生メカニズムと要因や、状況に応じた交通事故の防止方法などについて解説しています。

1 交通事故の2要因

1 先急ぎ衝動

次の3つの例を見てください。

> 【例1】交差点に近づいたときに信号は黄色になっていて、「交差点内に入るころには赤色になるかもしれない」とわかっているのに、アクセルを踏んで交差点を通り抜けた。
>
> 【例2】脇道から自車の前方に出ようとする自動車が来て、対抗するような気持ちでアクセルを踏み込んだ。
>
> 【例3】後続車から追い越されたため、無性に抜き返したくなった。

このような行動を引き起こす衝動のことを「先急ぎ衝動」と呼びます。そして、先急ぎ衝動が、制限速度を超過して走行したり、車間距離をつめて走行したり、停止する必要のあるところで停止しなかったりする行動の要因となっています。その結果、交通事故を引き起こす可能性があります。

① 先急ぎ衝動が起きる理由

先急ぎ衝動の根底には、生存競争本能が潜んでいると考えられます。1個の細胞だけからできている単細胞生物が地球上に誕生して、およそ38億年が経っています。単細胞生物の誕生以来、地球上では、素早く動くことのできる生物が生存競争に勝ち残ってきました。素早く動くことで、限りある食物をいち早く手に入れ、他の生物を捕らえて餌とし、自分が他の生物の餌とならずにすんだのです。そして、生存競争本能は、徐々に強化されながら私たちの遺伝子に受け継がれています。さらに、知能の発達とともに、食物だけでなくあらゆるものをめぐって競争する

ようになったのです。有形・無形の文化・文明が発達したのも生存競争本能によるものといえるでしょう。

　私たちは、平和に暮らしているように見えても、生存競争の達人なのです。運転中に道路が混み合ってくると、限りある食物を奪い合うことと同じように、道路のわずかな隙間をとらえて他の自動車よりも先に進もうと先急ぎ運転をします。そして、遅れをとりたくないと感じるのも、生存競争本能から生まれる先急ぎ衝動が原因なのです。

② 先急ぎ衝動に関する実験

　限りある食物の奪い合いでは、一瞬の差でも早い者勝ちとなります。道路上でも、先急ぎ運転をすれば他の自動車よりも目的地に早く着くと感じます。しかし、実際のところ、先急ぎ運転によってどれくらい早く着けるのでしょうか。**図1-1**・**図1-2**の実験結果を見てください。

図1-1 安全運転[※1]と先急ぎ運転[※2]の到着時間差

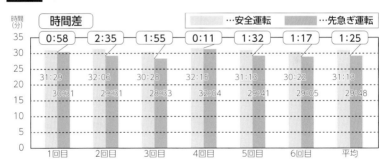

※1 安全運転：道路交通法を守り、停止距離よりも進行方向空間距離を大きくとった運転のことをいいます。

※2 先急ぎ運転：一時停止をしない、無理な追い越しをするなど、早く目的地に到着しようとする、あるいは、他の自動車より先に進もうとする運転のことをいいます。

（出典）「福岡市内とその近郊12.5kmの区間での教習所指導員による走行実験」（松永・江上：2014）

第1章 運転技能

第2章 交通法規

第3章 運転行動

第4章 模擬問題

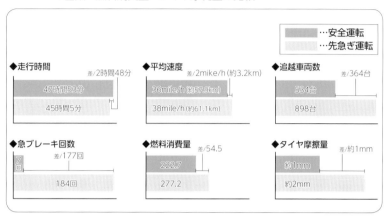

図1-2 先急ぎ運転と安全運転の走行時間・平均速度・追越車両数・急ブレーキ回数・燃料消費量・タイヤ摩耗量の比較

▨▨▨ …安全運転
▨▨▨ …先急ぎ運転

◆走行時間　差/2時間48分
47時間53分
45時間5分

◆平均速度　差/2mike/h(約3.2km)
36mile/h(約57.9km)
38mile/h(約61.1km)

◆追越車両数　差/364台
534台
898台

◆急ブレーキ回数　差/177回
7回
184回

◆燃料消費量　差/54.5
222.7
277.2

◆タイヤ摩擦量　差/約1mm
約1mm
約2mm

(出典)「スイスでの距離約1,740mile（約2,800km）の走行実験」（Cohenら:1997)

　図1-1の実験結果を見ると、先急ぎ運転をしても、わずかな時間短縮にしかならないことがわかります。また、**図1-2**の実験結果に見られるように、先急ぎ運転では急ブレーキ回数が格段に増え、事故の確率が飛躍的に高まります。これに対し、**図1-2**の燃料消費量やタイヤの摩耗量の実験結果を見ると、先急ぎ運転では量が増え、運転コストが高くつきます。つまり、先急ぎ運転をしても、私たちの生活や仕事には、それほどの利益（移動の効率化）はもたらしていないのです。

　事故のリスクを負っても数分程度の時間短縮にしかならないのであれば、計画性をもって早く出発すればこと足りるのです。自動車の運転以外では、先を急ぐことで大きな利益を得ることもあるかもしれません。しかし、自動車の運転では「先急ぎは得ならず」ということを肝に銘じておきましょう。

③ 先急ぎ衝動と脳の関係

　次に、**図1-3**を見てください。

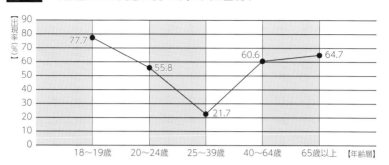

図1-3 年齢層ごとの先急ぎ度※の高い人の出現率

※先急ぎ度：進行方向空間距離を短くするような運転衝動の強さのことをいいます。
(出典)「年齢層ごとの先急ぎ度の高い人の出現率」(大場:1994)

　図1-3のグラフのとおり、先急ぎ度の高い人、つまり、先急ぎ衝動が強い人は、18～19歳の若年層と65歳以上の高齢層に多く見られます。この結果には、次の理由が考えられます。

　人間の脳は、大きく２つの層に分けられます。１つは、生まれつき備わっている生存に必要なプログラム※をつかさどる「旧皮質」です。
※生存に必要なプログラム：生存競争行動の要因となる原始的欲求（食事・睡眠・排泄などに対する欲求）などがあります。

　もう１つは、生後の学習や体験から得られた知識や思考による判断をつかさどる「大脳新皮質」です。私たちは、旧皮質で生まれる欲求を大脳新皮質の知識や思考でコントロールしながら生きているのです。

図1-4 脳の２つの層

若年層のドライバーの多くは、自動車社会での経験が不足しているため、旧皮質から生まれる生存競争本能のままに先急ぎ衝動にかられた運転をしがちです。一方、高齢層のドライバーは、加齢とともに大脳新皮質の働きがおとろえるため、先急ぎ衝動がコントロールされずに強く出てしまうのです。

　先急ぎ衝動は生存競争本能であり、度合いの強弱に年齢による差や個人差がありますが、私たちの中から消し去ることはできません。先急ぎ衝動の存在を認めて、うまく付き合っていく必要があります。安全運転を行うポイントは、自動車の運転では「先急ぎは得ならず」ということを大脳新皮質で学習し、旧皮質の先急ぎ衝動をコントロールすることです。

2　認知反応時間の突発的な遅れ

　一般的には、認知反応時間※は反応の速さに個人差はあっても、いつもほぼ一定していると考えられています。しかし、研究の結果、認知反応時間は、一定している人はいないことがわかっています。

※認知反応時間：危険な状況が発生したとき、回避を開始するまでにかかる時間のことです。

図 1-5 無事故者と事故経験者の認知反応時間の比較

※1 グラフは、典型的な2名の無事故者と事故経験者の信号刺激に対する反応動作時間を測定したものです。

※2 グラフの左側は「黄または赤信号」が点灯してから踏んでいるアクセルペダルを元の位置に戻すまでの時間、右側は「赤信号」の場合にアクセルペダルからブレーキペダルに踏みかえるまでの時間を示しています。

(出典)「自動車運転事故者の認知反応時間の変動について」(松永:1985)

図 1-5 のとおり、事故経験者は、無事故者よりも「認知反応時間の突発的な遅れ」が大きく、出現頻度も多いことがわかっています。その要因として、次の３つがあります。

①生理的要因

脳は、単調な作業（単調な運転）が続くと、自ら休もうとして心臓の鼓動を抑え、血流を少なくするなど省エネルギー活動に入るため、認知反応が遅れます。高速道路での運転中に意識がぼやけるといった状況になる要因です。

②心理的要因

脳は、一度に処理できる情報の量に制限があるため、情報量が多いと

第1章 運転技能　第2章 交通法規　第3章 運転行動　第4章 模擬問題

認知反応が遅れます。悩みごとをしているときや携帯電話のハンズフリー通話中など、脳に運転以外の負担をかけている状況になる要因です。

③環境的要因

夕暮れ、夜間、雨天、霧といった、暗いときや視界が鮮明でないときには、網膜に映り込んだ映像が信号として脳に到達する時間が遅くなったり、脳の処理が遅くなったりすることがあります。視界が通常よりも認識しにくい状況になる要因です。

認知反応時間の突発的な遅れは、上記①～③のような要因で誰にでも起こり得ます。また、年齢層別に出現率をグラフにすると、**図1-3**の先急ぎ度と同じようなV字型を描きます。

図1-6 年齢層ごとの認知反応時間のばらつき度※の高い人の出現率

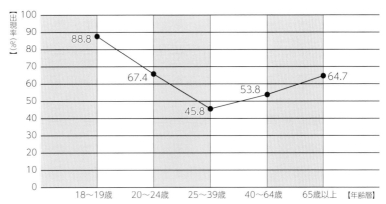

※認知反応時間のばらつき度：各人の平均の認知反応時間より遅れる度合いの大きさ、および、遅れる回数の多さの度合いをいいます。
(出典)「年齢層ごとの認知反応時間のばらつき度の高い人の出現率」(大場:1994)

図1-6のグラフのとおり、認知反応時間のばらつき度の高い人は、18～19歳・20～24歳の若年層と65歳以上の高齢層に多く見られます。この結果には、次の理由が考えられます。

若年層のドライバーは、運転中にさまざまなものへの興味がわいてき

たり、悩みごとが多かったりと、特に心理的要因により認知反応時間の突発的な遅れが起きやすくなると考えられます。高齢層のドライバーの場合は、3つの要因に加え、脳の神経系の接合部位であるシナプスの老化により情報伝達が遅れやすくなるため、認知反応時間の突発的な遅れが起きると考えられます。

3 交通事故の発生メカニズム

① 交通事故の発生メカニズムと2要因との関係

交通事故は、自車（自分の車）が、他の車や人や工作物など何らかの障害物と衝突することによって発生します。そして、衝突（交通事故）は、自車の停止距離が進行方向空間距離よりも長いときに発生します。図1-7のとおり、先急ぎ衝動が強い人は、進行方向空間距離が不十分な状態になりやすく、衝突の危険性が高まります。また、認知反応時間が不安定な人は、停止距離が長くなりやすく、衝突の危険性が高まります。

図1-7 交通事故の発生メカニズム

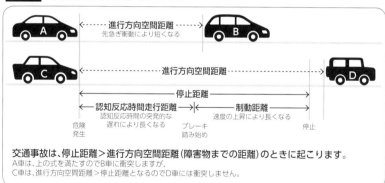

交通事故は、停止距離＞進行方向空間距離（障害物までの距離）のときに起こります。
A車は、上の式を満たすのでB車に衝突しますが、
C車は、進行方向空間距離＞停止距離となるのでD車には衝突しません。

つまり、安全運転とは、先急ぎ衝動をコントロールし、認知反応時間の突発的な遅れが起きたとしても衝突を避けられる進行方向空間距離を確保することだといえます。認知反応時間の突発的な遅れ方が大きい人や出現頻度が多い人は、認知反応時間がもっとも遅れるタイミングを基

準にして進行方向空間距離を確保し、前車に追従走行しているときは車間距離を十分に確保する必要があります。

　なお、停止時間は、認知反応時間と制動時間の合計で計算されます。たとえば、時速100kmで乾燥時の舗装路面を走行している場合は、次のとおりです。

・認知反応時間＋制動時間＝停止時間

・車速：時速100km＝秒速27.778ｍ

・認知反応時間：1秒(平均時間)

・重力加速度：9.8 m/s^2

・摩擦係数：0.7μ(舗装路面の乾燥時)

　制動時間(秒)＝車速÷(重力加速度×摩擦係数)

　　　　　　　＝27.778÷(9.8×0.7)＝4.05

　停止時間(秒)＝認知反応時間＋制動時間＝1.0＋4.05＝5.05

　したがって、時速100kmで走行中は、5.05秒≒6秒以上の車間距離をとる必要があります。

② 自動車社会の行動パターンの習得

　交通事故の2要因、つまり、①先急ぎ衝動と②認知反応時間の突発的な遅れは、人類が誕生したときからもっていた特性といえます。

　人類は誕生から長いあいだ、歩くまたは走ることだけが移動の手段であり、自動車のない生活を続けてきました。移動の手段が歩くまたは走ることだけであった環境を「歩行社会」、自動車での移動が可能になった環境を「自動車社会」と呼ぶことにします。

　歩行社会のスピードでは、認知反応時間の突発的な遅れが起きて歩行者同士が衝突しても、小さなケガですみます。生存競争のために食物の奪い合いをするような時代では、他人よりも先行し食物を手に入れられ

ることは、少々ケガをしたとしても「得」でした。そして、先急ぎで移動しながらも、ケガをしないように安全確認を行っていました。つまり、私たちには、歩いたり走ったりしながら安全確認を行うという「歩行社会の行動パターン」が自然と身についているのです。

　しかし、今日の自動車社会では、歩行社会をはるかに超えるスピードで衝突が起こり、小さなケガではすまず、大きな損害を被ることは容易に想像がつきます。したがって、自動車社会では、自動車を運転するときはもちろん、自動車が走る道路を歩いているときも、安全確認後に行動に移す「自動車社会の行動パターン」を習慣化させる必要があります。これにより、先急ぎ衝動と認知反応時間の突発的な遅れという交通事故の2要因に影響を受けない生活を送れます。

2 交通事故の防止方法

1 交通事故の発生状況

　図2-1のとおり、毎年多くの交通事故が発生しています。交通事故の傾向や特徴を理解しておくと、安全運転の方法がより鮮明に見えてきます。

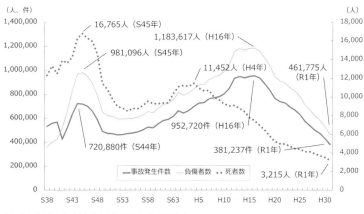

図2-1 交通事故発生件数、死者数、負傷者数の推移

(出典)「交通事故統計」(令和元年) 警察庁

　交通事故の発生状況を見ていきます。まず、経済成長によって増加した車両数とともに交通事故も増加の一途をたどり、交通戦争といわれていた時代があります。その一方で、行政によって信号や歩道を設置し道路幅を広げるなど環境面の整備が行われ、また、法整備と取り締まりの強化が行われました。その結果、1970 (昭和45) 年をピークに、負傷者数と死者数はいったん減少に転じました。

しかし、再度、車両数が増加し交通事故の発生件数、負傷者数、死者数も増加に転じました。その後、シートベルトの着用率、車両の安全性、救命医療技術の向上が主要因となって、死者数は再度減少に転じました。そして、さらに法整備と取り締まりの強化が行われ、飲酒運転や携帯電話使用運転などの悪質な運転が減少しました。また、人口に占める高齢者割合の増加や若者の車離れによる総走行距離の減少という要因が加わりました。その結果、2004（平成16）年をピークに、再度、発生件数、負傷者数も減少傾向にあります。

しかし、交通事故が減少傾向にある理由にドライバーの資質が向上したという声は、あまり聞こえてきません。各人が安全な運転ができるドライバーとなるよう心がけることが大切です。

2 交通事故の発生パターン

交通事故の発生件数を道路形状別に見てみると、交差点と交差点付近でもっとも多く、全体の5割以上を占めています。したがって、交差点と交差点付近がもっとも危険な場所といえます。

次に、事故類型別に見てみると、車両相互の事故がもっとも多く、全体の9割近くを占めています。また、その内訳を見ると、追突事故と出会い頭の事故が目立ち、2つを合わせて車両相互の事故の7割近くを占めています。

以上は、警察庁の人身事故のデータからわかります（**図2-2・図2-3**）。

図 2-2 道路形状別交通事故発生件数

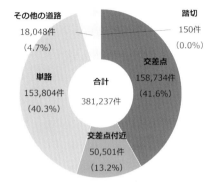

その他の道路
18,048件
（4.7%）

踏切
150件
（0.0%）

交差点
158,734件
（41.6%）

単路
153,804件
（40.3%）

合計
381,237件

交差点付近
50,501件
（13.2%）

（出典）「交通事故統計」（令和元年）警察庁

図 2-3 事故類型別交通事故発生件数

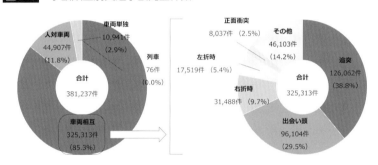

人対車両
44,907件
（11.8%）

車両単独
10,941件
（2.9%）

列車
76件
（0.0%）

合計
381,237件

車両相互
325,313件
（85.3%）

正面衝突
8,037件（2.5%）

左折時
17,519件（5.4%）

右折時
31,488件（9.7%）

その他
46,103件
（14.2%）

追突
126,062件
（38.8%）

合計
325,313件

出会い頭
96,104件
（29.5%）

（出典）「交通事故統計」（令和元年）警察庁

　さらに、物損事故については、日本損害保険協会のデータからわかる特徴があります（**図2-4**）。損害物件数を見ると、物損事故は人身事故よりも圧倒的に多く発生しています。そして、物損事故でもやはり追突事故が目立ちます。また、人身事故では見られなかった後退時の事故が多く見られます。発生場所としては、建物や敷地などの構内での事故が目立ちます。

図 2-4 事故類型別の損害物件数

	人対車両	車両相互事故					車両単独事故		合計
		正面衝突	側面衝突	追突	後退時衝突	その他	構築物衝突	横転事故	
件数	92,192	172,638	1,218,695	1,581,681	899,382	614,159	2,485,203	154,933	7,218,883
割合	1.3%	2.4%	16.9%	21.9%	12.5%	8.5%	34.4%	2.1%	100.0%

(出典)「自動車保険データにみる交通事故の実態」(2010年度) 日本損害保険協会

　したがって、とくに注意が必要な場所と事故の形態は次のとおりです。

---

①人身事故
・場所：交差点と交差点付近
・形態：追突と出会い頭の事故
②物損事故
・場所：構内（後退時の事故）、道路（追突の事故）
・形態：追突と後退時の事故

　第3章第3節では、交通事故の発生場所として、とくに注意しておかなければならない交差点での事故防止方法を解説します。

3 交差点での事故防止

1 信号のある交差点での事故防止

① 右折時の事故

　　対向車との間が短い走行の切れ目であっても、くぐり抜けるように右折を始める自動車をよく見かけます。対向車との車間が短いときの右折の場面では、曲がる速度を高めなければなりません。さらに、急いで曲がることに気をとられ、横断歩道への注意が不足し、歩行者などと衝突するリスクが高まります。また、速度が高まるため停止距離が長くなり、衝突条件を満たしやすくなります。

　　信号が変わる間際での右折も注意が必要です。信号の変わり目は、自車だけでなく対向車や横断する歩行者・自転車も急いでいるため、衝突リスクが高まります。

　　急いで右折すると、交差点内を斜めに短い距離で（ショートカットして）曲がることになり、横断歩道に斜めから進入することになるため、とくに右方向からの歩行者や自転車に気づきにくくなります。

図 3-1 右折時の見え方

視野に入りにくい

図 3-2 右折時の注意点

大きな切れ目

ゆっくり待つ

右折をする場合は、まず、対向車との間の長い走行の切れ目を待つことが大切です。信号が変わる間隔は、30秒程度、長くても2分程度です。仮に信号の変わり目まで待ったとしても、移動時間にそれほど大きな影響は与えません。急いで右折して交差点を数十秒早く切り抜けたとしても、次の信号など進む先のどこかで停止しなければならないことが多く、急いで稼いだ数十秒が帳消しになります。

先急ぐ気持ちを抑え、対向車との間の長い走行の切れ目や信号の変わり目まで待ち、十分な余裕をもって、徐行しながら曲がりましょう。徐行して曲がると、対向車や横断する歩行者・自転車など、周りがよく見えてきます。

② 右直事故・サンキュー事故

右折車と直進車との衝突事故は、右直事故と呼ばれています。右直事故では、直進する側のほとんどがバイクなどの二輪車です。二輪車は四輪車に比べ車体が小さいため、自動車からは、遠い位置を走行しているように見えたり、接近速度が遅く見えたりします。これが、右直事故が起きる要因と考えられます。右折する側の自動車は、先急ぐ気持ちを抑え、直進してくる二輪車との距離や速度を落ち着いて見きわめることが大切です。

また、右直事故の1つにサンキュー事故と呼ばれるものがあります。右折を始めるタイミングを待っているとき、対向車が進路をゆずってく

れたため、相手を待たせないようにあわてて曲がり始めて、対向車の陰から直進してくるバイクなどと衝突する事故のことです。右折を待っているときに対向車に進路をゆずられた場合（**図3-3**左）は、対向車の側方からバイクなどが直進してきているかもしれないこと（**図3-3**右）を意識して曲がりましょう。交差点の大きさや形状によっては、対向車の前を横切る際に、一時停止して確認したうえで曲がっても、対向車に迷惑をかけることはありません。

図3-3 サンキュー事故の要因

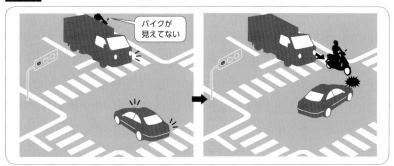

③ 左折時の事故

　　左折をする場合は、まず、左後方から接近してくるバイクなどの二輪車に注意が必要です。次の手順で安全に左折を行いましょう。

> ①左の合図をつけます。
> ②左のサイドミラーとサイドミラーの死角部分を補うように直視で進路変更をするための確認を行います。
> ※二輪車が接近しているときは先に進ませましょう。
> ③左後方の安全が確認できたあと、道路の左側に車体を寄せます。
> ※道路の左側に車体を寄せることで、自車の左側に二輪車が入ってくることを防ぎやすくなります。また、後続車が自車の右側を通って先に進みやすくなります。
> ④左折を始める直前で、再度、左のサイドミラーとサイドミラーの死角部分を補うように直視で二輪車の巻き込みを防止するための確認を行います。
> ⑤徐行しながら左折を行います。

　とくに意識をしておかなければならないのは、②の進路変更をするための確認と、④の二輪車の巻き込みを防止するための確認です。必ず、ハンドルを左に回し始める前に確認を終えておかなければなりません。第3章第1節で述べた「自動車社会の行動パターン」を意識しておきましょう。

図3-4　左折の前の確認

2 信号のない交差点での事故防止

① 信号のない交差点での事故

　　出会い頭の事故の多くは、信号のない交差点で発生しています。信号のない交差点のほとんどには一時停止の標識がありますが、一時停止の標識がある交差点での調査結果を見てみると、実際に停止している自動車は2〜5％程度です。ほとんどの自動車は、一時停止の規制がある交差点を徐行で通過しているのです。さらに、徐行で通過した自動車のドライバーは、「止まったつもり」になっているようです。つまり、一時停止をせず、徐行しながら確認を行っていることが事故の大きな要因となっているのです。

　　徐行しながらの確認にも、先急ぎ衝動が関係しています。少しでも早く交差点を通過したい気持ちから、徐行しながらの確認を繰り返していても、事故が発生する確率は比較的低いため、習慣化しやすいのです。

② 信号のない交差点での一時停止

　　信号のない交差点での出会い頭の事故などを防ぐためには、自動車を停止させた状態で安全確認を行うことが大切です。見ている対象（視対象）が何であるかを正しく認識するためには、網膜の中心部に少なくとも1秒程度、視対象を固定視する必要があります。自動車を停止せず徐行しながら確認を行う場合は、進行方向や左右・後方を素早く見なければならず、結果として、見落としや判断ミスの発生につながります。

　　信号のない交差点は、信号による交通整理がされないまま、自動車や自転車、歩行者が集まってくる場所です。優先道路に出ようとするときなど、一時停止した状態で確認を行えば、接近してくる対象に対し安全な空間を選択することができます。信号のない交差点の多くに一時停止の標識が設けられているのは、この意味であるといえます。

③ 信号のない交差点での2回以上の停止

　　信号のない交差点は、左右の見通しがよくない場合が多くあります。左右の見通しがよくない交差点では、2回以上の停止を行うことで出会い頭の事故を防ぐことができます。たとえば、一時停止の標識と停止線がある場所では、**図3-5**のように2回以上の停止を行いましょう。

図3-5 一時停止の標識と停止線がある場所での2回以上の停止

①停止線の直前で1回目の停止を行う。
　※自転車などとの衝突防止の意味もあります。

②車両を停止させた状態で安全確認を行う。
　※左右の見通しがよいときは、ここで安全確認を終わらせます。

③左右が見える位置までゆっくり進み、必要に応じて再度停止する。
　※優先道路の自動車などに自車の先端部分を見せる意識で、ゆっくりと進みます。

④左右が確認できる位置で2回目（状況によっては3回目以上）の停止を行う。

⑤車両を停止させた状態で安全確認を行う。

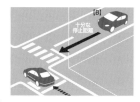

また、一時停止の標識がない交差点に侵入するときや、施設などから優先道路へ出ようとするときも、同じように出会い頭の事故が発生する危険性があります。一時停止の標識の有無にかかわらず、自動車を停止させた状態での安全確認と、見通しがよくない場合の2回以上の停止を行いましょう。

CHECK ! ....

　自動車の運転では、「確認」が非常に大切な行動です。しかし、顔（視線）の動かし方や確認の時間のかけ方で、「確認の質」が異なってきます。たとえば、信号のない交差点で優先道路へ出ようとして、①自動車を徐行させながら左右の確認を行う人と、②自動車を一時停止させて左右の確認を行う人とでは、確認の質が異なります。

　①の場合は、徐行であっても自動車が進んでいるため、顔を左右に動かす範囲が狭くなり、歩行者や自転車・自動車といった視対象の１つひとつに時間をかけることができません。②のほうが、顔を左右に動かす範囲と視対象にかける時間のうえで有利といえます。

　自動車の運転では、情報のほとんどを目から入れ、脳で処理して行動を起こしています。目の機能から考えると、視対象を中心視付近でとらえる、つまり、顔を視対象に向けなければ網膜の中心部に像を正確に投影することができません。そして、視対象に焦点を合わせる時間もかかります。また、脳の機能から考えると、網膜からの情報伝達と情報の処理それぞれに時間が必要であるため、時間をかけるほど正確な認識や判断を行うことができるのです。

●視野の種類

・視　　野：眼を動かさずに見える範囲のことです。
・固 視 点：目を動かさないで見る１点のことです。
・中 心 視：固視点を中心とした約2°の範囲で、視

　　　　　　野の中でもっとも視力が高い部分です。
・中心視野：固視点を中心とした約30°の範囲で、
　　　　　　視力が高く、視対象の動きなどの細かい判別ができる領域です。
・周辺視野：中心視野の外側の範囲で、視力が低く、視対象の動きなどの大まかな判別しかできない領域です。

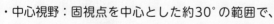

4 直線道路・カーブでの事故防止

1 直線道路での事故防止

　　直線道路で発生件数が多いのが、人身事故・物損事故のどちらも追突事故です。目の前を走る自動車に衝突するというシンプルな事故でありながら多発するのは、やはり、先急ぎ衝動（第3章第1節参照）が関係しています。先急ぎ衝動から、車間距離（進行方向空間距離）が不十分な状態で走行しやすくなります。

　　車間距離を空けると他の車両に割り込まれやすくなると思いがちです。しかし実際には、安全な車間距離を確保していても、割り込まれる台数は数台程度です。また、数台割り込まれたとしても、目的地への到着が大きく遅れることもありません。先急ぎ衝動を抑え、安全な車間距離を確保することで追突事故は防ぐことができます。

　　追突事故は、停止距離が車間距離よりも長い状態になったときに発生するものです。つまり、停止距離よりも長い車間距離を確保できていることが安全な状態といえます。

　　具体的には、第2章第4節で述べたとおり、前車との時間差（車間時間）を4秒以上数えましょう。前方にある電柱などを前車が通過した時点から数え始めて、自車がその地点を4秒以上経って通過できていれば安全です。4秒の内訳は、危険な事象が発生してから反応するまで（認知反応時間）に約2秒、ブレーキがきき始めるまで（制動時間）に約1.5秒、そして、0.5秒の余裕となっています（第2章第4節2参照）。

図 4-1 車間時間の数え方

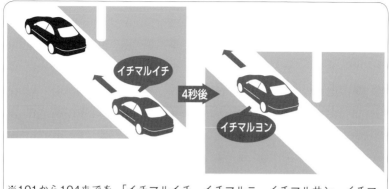

イチマルイチ

4秒後

イチマルヨン

※101から104までを、「イチマルイチ、イチマルニ、イチマルサン、イチマルヨン」と、3桁の数字を1つずつ数えていくと正確な時間に近づく。

　認知反応時間は突発的な遅れを想定し、制動時間は一般道路の法定最高速度時速60kmで摩擦係数[※]などの条件がよい場合を想定しています。認知反応時間のより大きな遅れや制動条件の悪化などを踏まえ、4秒以上の車間時間を確保しておきましょう。

※摩擦係数：2つの物体の接触面に働く摩擦力と、接触面に垂直に作用する圧力との比です。

　運転は、限りある脳のエネルギーを使うため、車間距離が不十分なときは前方の自動車への注意配分が大きくなります。車間距離を十分に確保しておけば、前方の自動車への注意の配分を道路脇の歩行者や自転車、後方の車両などにも向けることができます。反対に、車間距離を十分に確保していなければ、安全運転に必要な危険予測もできていないことになります。

　また、車間距離を十分に確保していれば、前方の自動車が急停止した場合でもゆっくりと停止できるため、後続車からの追突も避けやすくなります。そのほかにも、燃費が向上したり、渋滞の緩和につながったり、安全面以外の効果も期待できることがわかっています。

2　カーブでの事故防止

　左カーブでは対向車線にはみ出したための正面衝突事故、右カーブでは路外に逸脱したための単独事故が発生しやすくなっています。カーブを安全に曲がり切れないのは、先急ぎ衝動（第3章第1節参照）による速度の出しすぎと、居眠りなどの脳の活動状態（覚醒水準）の低下が要因となっています。

図4-2　左カーブでの正面衝突事故

　何よりも先急ぎ衝動を抑え、安全な速度でカーブに進入する習慣を身につけましょう。そして、覚醒水準が低下した場合は、自動車を止めて降り、覚醒水準を高めることが大切です。車外で体を動かすと、心臓の動きが高まり血流もよくなります。眠気を感じるときは仮眠をとりましょう（第2章第8節5参照）。

発進・車線変更・後退時の事故防止

1 事故の発生原因

　事故のいくつかは、確認よりも運転動作が先行することが大きな要因となって起こります。反対に、確認を先行させて運転動作に入りさえすれば防げる事故ともいえます。

　しかし、第3章第1節で述べたとおり、私たちには、歩きながら・走りながら安全確認を行うという歩行社会の行動パターンが自然と身についています。したがって、安全確認後に行動に移す自動車社会の行動パターンを強く意識して習慣化させる必要があります。

2 発進時の事故防止

　先急ぎ衝動により、発進しようとギアをドライブに入れ、ブレーキペダルから足を離し、アクセルペダルを踏み込み、自動車が進み始めてから安全確認を行うという、動作先行型の運転が身につきやすくなります。このような運転で発進開始後に危険に気がついたとしても、間に合わない事態が起こるのです。

　発進しようとするときは、まず、周囲や右後方の安全を十分確認しなければなりません。合図を出したりギアをドライブに入れたりする前に安全確認を行うように意識して、確認先行型の運転習慣を身につけましょう。

3 車線変更時の事故防止

　車線変更を行う場合も、反射的にハンドルを回し、車線が変わり始め

てから安全確認を行うという、動作先行型の運転が見られます。そして、車線変更開始後に危険に気がついたとしても、間に合わない事態が起こります。

　車線を変更しようとするときは、まず、車線を変えて進もうとする側の後方の安全を十分に確認しなければなりません。確認先行型の運転習慣を身につけましょう。また、後続車が接近してきている場合は、車間距離が十分であるかを見きわめてから車線を変え始めなければなりません。先急ぎ衝動を抑え、後続車との安全な空間を確保することにより、車線変更時の事故は防ぐことができます。

4 後退時の事故防止

　後退を行う場合も、ギアをリバース（バック）に入れ、ブレーキペダルから足を離し、自動車が進み始めてから安全確認を行うという、動作先行型の運転が見られます。そして、後退開始後に危険に気がついたとしても、間に合わない事態が起こります。

　後退しようとするときは、まず、周囲や後方の安全を十分に確認しなければなりません。確認先行型の運転習慣を身につけましょう。第1章第4節で述べたとおり、後退時は、前進時と比べ車体の死角に入る部分が多く、視界も狭くなります。ミラーでの確認と合わせて直接後ろを振り返って確認しましょう。バックモニターがある場合は有効に使いましょう。後退中も、ゆっくりとした速度で進みながら、周囲や後方の安全を確認しなければなりません。

　そのほか次のような場面でも、確認を先行させる必要があります。

①自動車に乗るとき

　第1章第1節でも述べたように、車体やミラーの死角を補うために、自動車の周囲をひと回りするか、少なくともこれから進行する方向を通って乗り込みましょう。

②後退を始めるとき

　背の低い障害物は、車体やミラーの死角に入り見えなくなることがあります。たとえば、後退で駐車する場合は、駐車しようとするスペースの前に来たとき、駐車スペースに顔を向けて確認することで、障害物の状況を把握できリスクが軽減できます。

問題1 運転中の車間距離や速度について、もっとも適切な選択肢を1つ選びなさい。

    a　市街地の運転では、速度に比例して到着時間が早くなる。

    b　車間距離が長いと、割り込まれた台数に比例して到着時間が遅くなる。

    c　車間距離が短いと、渋滞が起きやすくなる。

    d　速度を上げると、速度に比例して燃費がよくなる。

問題2 前方の信号が赤色のため停止したあと、写真のようにトラックが停止した際の行動として、もっとも適切な選択肢を1つ選びなさい。

    a　自車の先端をトラックより少し前に出して止まり直した。

    b　右側が少し見える位置で止まり直した。

    c　前方の信号が青色に変わり、右側の大型トラックより先に進み始めた。

    d　前方の信号が青色に変わり、右側の大型トラックのあとに進み始めた。

問題3 車間距離を秒数（前の車との時間差）に置き換えた場合、追突事故を起こしにくい速度と秒数の組み合わせとして、もっとも適切な選択肢を1つ選びなさい。

    a　時速100kmで走行中に6秒

    b　時速60kmで走行中に3秒

    c　時速40kmで走行中に2秒

    d　時速20kmで走行中に1秒

問題4　2019年の交通事故について、次の文章の（　　　　　）に入る組み合わせ
として、正しい選択肢を1つ選びなさい。

死者数は前年より（　　①　　）した。
高齢者（65歳以上）の死者数は（　　②　　）が最も多い。

a　①　増加　　②　自動車運転中
b　①　増加　　②　歩行中
c　①　減少　　②　自動車運転中
d　①　減少　　②　歩行中

問題5　写真のような信号のある交差点で安全に右折する方法として、もっとも
適切な選択肢を1つ選びなさい。

a　対向車の切れ目を、時速20km程度で曲がる。
b　対向車がゆずってくれたため、時速20km程度で曲がる。
c　対向車がなかなか途切れないため、信号の変わり目を時速10km程
度で曲がる。
d　対向車が動き出す前に、信号が青色に変わると同時に時速10km程
度で曲がる。

問題6　車線変更する際、後続車との衝突を避けるために必要な行動として、
もっとも重要な選択肢を1つ選びなさい。

a　合図を出す。
b　後方の安全を確認する。
c　変更したい車線の車両の流れに応じた速度に調節する。
d　緩やかにハンドルを操作する。

問題7 バックをするときの確認の仕方として、<u>もっとも不適切な</u>選択肢を1つ選びなさい。

    a   バックモニターのみを確認しながらバックする。

    b   バック中に一度は車体の右と左の側方を確認する。

    c   バックモニターやサイドミラーの確認と合わせ、直接後ろを振り返って確認する。

    d   バックして停止する直前は、直接後ろを振り返って確認する。

問題8 左右の見通しが悪く停止線がない交差点で一時停止を2回する際の停止位置として、もっとも適切な選択肢を1つ選びなさい。

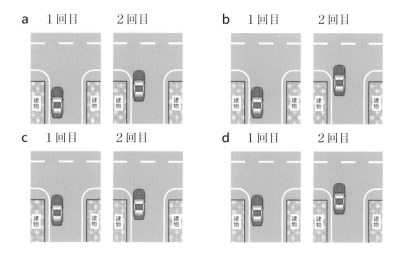

問題9 視野に関する説明として、<u>もっとも不適切な</u>選択肢を1つ選びなさい。

    a   両目で左右に見える範囲は200°程度である。

    b   色彩を認識できる範囲は左右それぞれ35°程度である。

    c   運転中、速度が速くなるほど視野は広くなる。

    d   周辺視野では静止しているものには気づきにくい。

問題10 認知反応時間（危険な事象が発生してからブレーキを踏み始めるまでの時間）について、<u>間違っている</u>選択肢を1つ選びなさい。

    a   同じ人でもばらつきがある。

    b   昼間のほうが夜間よりも早くなる。

    c   早い状態を保つことができない。

    d   平均値が早い人は交通事故が少ない。

解 答 と 解 説

問題1（第1節「交通事故の2要因」1、第4節「直線道路・カーブでの事項防止」
1）

正解： c

解説：速度を上げる、車間距離を短くする等の「先急ぎ運転」をしても、その分
信号や渋滞で停止する時間が長くなること、進んだ距離に対する時間的な
錯覚があることの理由から、時間短縮にはつながっていません。先急ぎ運
転は、事故のリスクが高まるだけでなく、燃費の悪化や疲労、渋滞の原因
になることもわかっています。

問題2（第3節「交差点での事故防止」1）

正解： d

解説：歩行者用信号が赤色になっても、横断歩道を渡ってくる残存歩行者がいる
場合があります。このため、前方の信号が青色になっても、すぐに発進す
ると危険です。また、横断歩道の直前で停止していて、横に大型車が停止
していると残存歩行者がいる場合に気づきにくくなります。前方の信号が
青色になったら、左右の状況を確認したり、横に大型車が停止している場
合は大型車のあとに発進したりすることが必要です。

問題3（第1節「交通事故の2要因」3）

正解： a

解説：認知反応時間を1秒（平均時間）、路面の摩擦係数を0.7μ（舗装路面の乾
燥時）で計算すると、認知反応時間＋制動時間（＝車速÷（重力加速度×
摩擦係数））より、各速度の停止時間は次のようになります。

　　　時速100km：停止時間 5.05秒
　　　時速 60km：停止時間 3.43秒
　　　時速 40km：停止時間 2.62秒
　　　時速 20km：停止時間 1.81秒

　　　認知反応時間の遅延が発生したり、路面の状況が悪化したりすると、停止
時間がさらに必要になります。一般道路では4秒以上、高速道路では6秒以
上の車間時間を確保して、追突事故の防止に努めましょう。

問題4（第2節「交通事故の防止方法」1）

正解：**d**

解説：交通事故による全国の死者数は、2018年が3,532人でしたが、2019年が3,215人となり減少しました。2019年の死者3,215人のうち、65歳以上の高齢者は1,782人で全体の55.4%を占めています。その死者の内訳を状態別で見ていくと、歩行中の事故が46.0%でもっとも多く、次いで自動車運転中の事故が21.6%となっています。自転車乗車中の事故も16.8%と多く、歩行中の事故と合わせると全体の62.7%にもなります。高齢者の運転は危険というイメージを持つ人も多いようですが、交通事故被害者としての側面も持ち合わせていることを理解しておきましょう。

問題5（第3節「交差点での事故防止」1）

正解：**c**

解説：右折しようとするときは、交差点内を徐行しながら通行しなければならいことが道路交通法に定められています（道路交通法第34条）。対向車の短い切れ目で、間をくぐり抜けるように速い速度で曲がると事故が起きることがあります。事故防止のため、右折をしようとするときは、対向車の大きな切れ目や信号の変わり目を待って、徐行で曲がることが必要です。

問題6（第5節「発進・車線変更・後退時の事故防止」2）

正解：**b**

解説：車線変更をする場合、後方の安全を確認すること、合図を出して周囲への意思表示をすること、緩やかに車線を変更することなど、後続車との衝突を避けるために必要なことが多くあります。なかでも、後方の安全を確認して、後続車が近ければ車線を変えずに待つことが、衝突を避ける空間の確保につながり、もっとも重要度が高いといえます。

問題7（第5節「発進・車線変更・後退時の事故防止」4）

正解：**a**

解説：バック中は、視線を1点だけに集中させてしまうと見えていない部分が多くなりすぎ大変危険です。バックモニターは限定的な範囲を映しており、仮に映っていてもサイズや鮮明さからモニター越しには気づきにくいことがあります。可能な限りゆっくりとした速度でバックしながら、また、状況によっては停止したうえで広範囲に顔を動かして確認を行いましょう。

問題8（第3節「交差点での事故防止」2）

正解：a

解説：信号のない交差点では、左右の見通しが悪くても、まず停止線の直前で停止をします。停止線がない場合は交差点の直前で停止をします。そして、左右の様子が見える位置までゆっくり進んで再度停止をする「2回以上の停止」が必要です。また、交差点は自動車や自転車などがあらゆる方向から集まってくる場所であるため、見落としたり判断ミスをしたりしないように、停止をしたまま安全確認をすることも重要です。

問題9（第3節「交差点での事故防止」2）

正解：c

解説：左右の視野は、一般的に片目で外側へ約100°、内側へ約60°の範囲があります。上下の視野は、上側へ約60°、下側へ約70°の範囲があります。色彩を認識できる範囲は左右にそれぞれ約35°です。固視点（視点の中心）から左右にそれぞれ約15°は、中心視と呼ばれ解像度の高い範囲です。その外側は、周辺視野と呼ばれ解像度の低い範囲になります。周辺視野では静止しているものに気づきにくくなります。また、速度が速くなるほど周辺視野の解像度が低くなるため視野が狭くなったように感じてしまいます。

問題10（第1節「交通事故の2要因」2）

正解：d

解説：認知反応時間のばらつきが大きい人は、安定している人に比べ事故の危険性が高いことがわかっています。また、認知反応時間のばらつきは、脳生理学上の要因から若年層や高齢層で大きくなることもわかっています。認知反応時間の突発的な遅れを考慮し、車間距離等の進行方向に対する空間を大きく確保する必要があります。

第4章

模擬問題

ここでは、安全運転能力検定2級の模擬問題を掲載しています。第1章～第3章で学習したことをもとに、自分の安全運転力の習得度を確認してください。

安全運転能力検定2級模擬問題

問題1 オートマチック車の座席の合わせ方について、次の文章の（　　　）に入る組み合わせとして、もっとも適切な選択肢を1つ選びなさい。

　　座席に深く腰掛けた状態で（　①　）ペダルを奥までしっかりと踏み込めるように前後を合わせる。背もたれは、背中を付けた状態で（　②　）が余裕を持って握れる角度に合わせる。

a　① アクセル　　② ハンドル
b　① ブレーキ　　② シフトレバー
c　① アクセル　　② シフトレバー
d　① ブレーキ　　② ハンドル

問題2 写真のような交差点を通過する際の行動について、次の文章の（　　　）に入る組み合わせとして、もっとも適切な選択肢を1つ選びなさい。

　　左右の様子が（　①　）。その後（　②　）確認する。

a　① 見えないが停止線の直前で　　② 徐行で進みながら
　　　停止する
b　① 見えないが停止線の直前で　　② 徐行で進み、再度停止して
　　　停止する
c　① 少し見える位置で停止して　　② 徐行で進みながら
　　　確認する
d　① 少し見える位置で停止して　　② 徐行で進み、再度停止して
　　　確認する

問題3 図のような状況で駐車しているトラックを避けて進む際、対向車が待っているときの通行方法について、次の文章の（　　　）に入る組み合わせとして、もっとも適切な選択肢を1つ選びなさい。

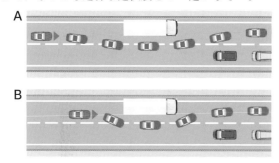

（　①　）のような進路をとり、（　②　）進む。

a 　① 　図A 　　② 　ゆっくり
b 　① 　図A 　　② 　速く
c 　① 　図B 　　② 　ゆっくり
d 　① 　図B 　　② 　速く

問題4 図のような状況で左側に車線を変更する際の方法について、次の文章の（　　　）に入る組み合わせとして、もっとも適切な選択肢を1つ選びなさい。

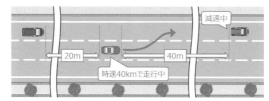

　後続車が（　①　）走行しているときに（　②　）しながら車線を変更する。

a 　① 自車と同じ速度で 　　② 加速
b 　① 自車と同じ速度で 　　② 減速
c 　① 減速しながら 　　② 加速
d 　① 減速しながら 　　② 減速

問題5 理想的な停止方法について、次の文章の（　　　）に入る組み合わせとして、もっとも適切な選択肢を１つ選びなさい。

　　　アクセルを戻して（　①　）ブレーキを踏み、（　②　）停止する。

a　① すぐに　　　　　　　② 最初は強めに最後は弱めに踏んで
b　① すぐに　　　　　　　② 止まる直前で軽く戻した後に踏み直して
c　① 少し走行したあとに　② 最初は強めに最後は弱めに踏んで
d　① 少し走行したあとに　② 止まる直前で軽く戻した後に踏み直して

問題6 停車が可能な場所として、正しい選択肢を１つ選びなさい。ただし、いずれの場所も「駐停車禁止」の標識はないものとする。

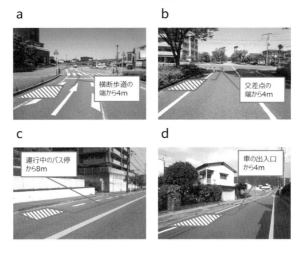

a　横断歩道の端から4m
b　交差点の端から4m
c　運行中のバス停から8m
d　車の出入口から4m

問題7 走行中の車間距離の説明として、<u>もっとも不適切な</u>選択肢を１つ選びなさい。

a　疲労を抑えるためには、車間距離を長めにする。
b　到着時間を早めるためには、車間距離を短めにする。
c　渋滞を起こさないためには、車間距離を長めにする。
d　燃費をよくするためには、車間距離を長めにする。

問題8 駐車禁止場所を示す標識として、正しい選択肢を1つ選びなさい。

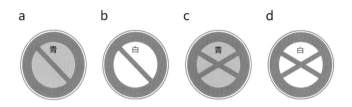

a   b   c   d

問題9 写真のような状況で信号が青に変わり、自車が進み始める前の確認の順序として、もっとも適切な選択肢を選びなさい。

① 前方の渋滞状況
② 横断歩道の左右からの歩行者
③ 交差道路の左右からの車両
④ 後方から接近する自転車やバイク

a ① →③ →④ →②
b ① →④ →② →③
c ④ →② →③ →①
d ④ →② →① →③

問題10 図の標識の意味として、正しい選択肢を1つ選びなさい。

a ここから時速50kmの速度規制が始まる。
b ここで時速50kmの速度規制が終わる。
c 時速50kmの速度規制区間内である。
d a～cのいずれでもない。

第1章 運転技能

第2章 交通法規

第3章 運転行動

第4章 模擬問題

問題11 右左折の合図を出すタイミングとして、正しい選択肢を1つ選びなさい。

  a 約10m前
  b 約20m前
  c 約30m前
  d 約40m前

問題12 高速道路を時速100kmで走行中、図のような軌道で車線を変更する際にハンドルを回す角度として、もっとも適切な選択肢を1つ選びなさい。

通常のハンドルの状態   車線変更のイメージ

 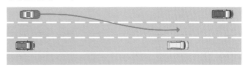

a 30°程度 b 60°程度 c 80°程度 d 100°程度

問題13 図のような交差点をふらつかずに左折する際の操作方法について、次の文章の（　　　）に入る組み合わせとして、もっとも適切な選択肢を1つ選びなさい。

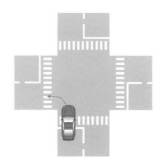

　減速をし（　①　）曲り始め、ハンドルを戻しながら（　②　）に加速する。

a　① ながら　　② 弱め

b　① ながら　　② 強め

c　① 終わって　② 弱め

d　① 終わって　② 強め

問題14 標識の意味として、間違っている選択肢を一つ選びなさい。

a 　　b 　　c 　　d

a　追い越しのために道路の右側部分にはみ出すことはできない。

b　優先道路である。

c　標識の方向からは進入できない。

d　道路に面した場所に右に曲がって入ることはできない。

問題15 交差点を右折する際の行動として、もっとも不適切な選択肢を1つ選びなさい。

a　ゆずってくれた対向車のトラックを横切る前で一時停止する。

b　右折した先の横断歩道を曲がる前に確認する。

c　対向車が左側の車線に左折するタイミングに合わせて右側の車線に曲がる。

d　対向車の切れ目で、交差点の中心のすぐ内側を通り大きく曲がる。

問題16 一般道路を走行する際の安全な車間距離の測り方として、もっとも適切な選択肢を1つ選びなさい。ただし、速度は問わないものとする。

a　前車との間に道路の白い破線（車両境界線）2本分を空ける。

b　前車との間に普通自動車3台分を空ける。

c　前車が通り過ぎた建物を2秒後に通過する。

d　前車が通り過ぎた横断歩道を4秒後に通過する。

問題17 エンジンを始動できるギアポジションとして、正しい選択肢を 1 つ選びなさい。

a N　　b D　　c S　　d B

問題18 左右の見通しがよくない信号のない交差点を左折しようとする際、図の横断歩道の直前の位置で確認する対象の順序として、もっとも適切な選択肢を選びなさい。

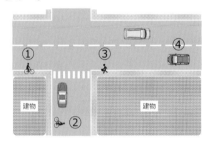

① 左からの自転車
② 左後方からの自転車
③ 右からの歩行者
④ 右からの車両

a　② →① →④ →③
b　② →① →③ →④
c　③ →① →④ →②
d　③ →① →② →④

第1章 運転技能

第2章 交通法規

第3章 運転行動

第4章 模擬問題

問題19 図のような狭い交差点を切返しをせずに<u>左折する場合</u>、据え切り（停止した状態でハンドルを回すこと）でハンドルを<u>すべて回す位置</u>として、もっとも適切な選択肢を1つ選びなさい。ただし、左折のルールとして道路の左端に寄せることは考慮しなくてよい。

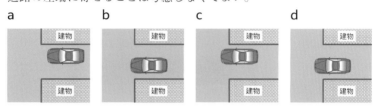

問題20 右カーブを安全に曲がるための操作方法について、次の文章の（　　　）に入る組み合わせとして、もっとも適切な選択肢を1つ選びなさい。ただし、前方に他の車両はないものとする。

　ハンドルを右に回し（　①　）減速を終え、ハンドルを左に戻し（　②　）加速する。

a	①	始める前に	②	ながら
b	①	始める前に	②	終わって
c	①	ながら	②	ながら
d	①	ながら	②	終わって

問題21 左右の見通しがよくない踏切の通過方法について、次の文章の（　　　　）に入る組み合わせとして、もっとも適切な選択肢を１つ選びなさい。

（　①　）で停止し、左右と踏切の向こう側を確認する。踏切の途中で（　②　）通過する。

a　①　踏切の直前　　　　②　止まらずに
b　①　踏切の直前　　　　②　再度停止し確認して
c　①　左右が見える位置　②　止まらずに
d　①　左右が見える位置　②　再度停止し確認して

問題22 違反にならない場面として、正しい選択肢を１つ選びなさい。

a　道路の右寄りを通行する（一方通行を除く）。

b　中央線が黄色の実線の道路で車線をはみ出して追い越す。

c　一方通行の道路で左側から追い越す。

d　中央線が黄色の実線の道路で車線をはみ出して駐車車両を避ける。

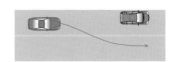

問題23 左折する前の運転方法について、次の文章の（　　　　）に入る組み合わせとして、もっとも適切な選択肢を1つ選びなさい。

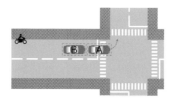

（　①　）ブレーキを踏んで減速を始め、（　②　）の位置で左後方の二輪車を巻き込まないように確認する。

a　①　合図を出したあとに　　②　A
b　①　合図を出したあとに　　②　B
c　①　合図を出す前に　　　　②　A
d　①　合図を出す前に　　　　②　B

問題24 図のような場面での対応として、正しい選択肢を1つ選びなさい。

a　横断歩道の直前に車が停止
していたので、徐行しなが
ら進んだ。

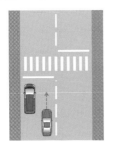

b　横断歩道の右側に人が待って
いたが、対向車が止まらな
かったので、そのまま進んだ。

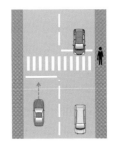

c　道路の右側から人が横断し始
めていたが、横断歩道ではな
かったので、そのまま進んだ。

d　横断歩道の左側に自転車から
降りて待っている人がいたの
で、止まった。

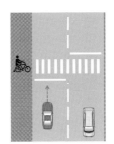

問題25 図のような駐車場において、①から前進で進入してバックで駐車する
際、もっとも停めやすい場所を1つ選びなさい。

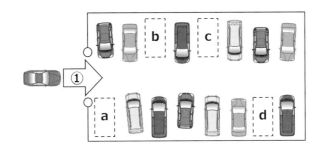

171

問題26 歩道や路側帯、歩行者用道路の通行方法として、正しい選択肢を1つ選びなさい。

a 道路から左折して徐行しながら、歩道を横切り施設へ入る。
b 道路から右折して徐行しながら、路側帯を横切り施設へ入る。
c 路側帯を徐行しながら通行する。
d 許可を受けて、歩行者用道路を徐行しながら通行する。

問題27 写真のような見通しがよくない駐車場の出口での確認方法について、次の文章の（　　）に入る組み合わせとして、もっとも適切な選択肢を1つ選びなさい。

出口の直前（　①　）ミラーを確認後、車の先端を出口から（　②　）左右を確認をした。

a ① で停止して　　　② 少し出した位置で停止して
b ① で停止して　　　② ゆっくり出しながら
c ① を徐行しながら　② 少し出した位置で停止して
d ① を徐行しながら　② ゆっくり出しながら

問題28 安全な右折方法として、もっとも適切な選択肢を１つ選びなさい。

a 対向車の切れ目を、時速20km
程度で曲がった。

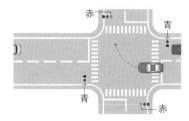

b 対向車がゆずってくれたため、
時速20km程度で曲がった。

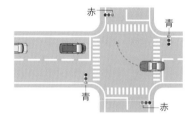

c 対向車がなかなか途切れず、
信号が赤色に変わったタイ
ミングで時速10km程度の徐
行で曲がった。

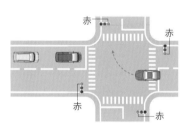

d 対向車の切れ目で曲がり始
めたが、横断歩行者がいた
ため止まり、対向車を待た
せて曲がった。

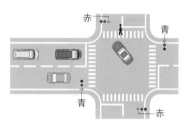

問題29 歩行者の横を通るときの方法として、<u>間違っている</u>選択肢を１つ選びな
さい。

a 安全な間隔をとる。とれない場合は徐行する。

b 歩行者に後ろから近づいているときは、対面しているときよりも広
めに間隔を取る。

c ガードレールがある歩道を歩いている場合、間隔が狭くても徐行の
必要はない。

d 子どもが一人で歩いている場合は、一時停止か徐行する。

第1章 運転技能　第2章 交通法規　第3章 運転行動　第4章 模擬問題

問題30 右に車線を変更しようとする際の合図と確認の順序として、もっとも適切な選択肢を選びなさい。

① 右の合図
② 右側のサイドミラーと側方の確認
③ ルームミラーの確認

a ① →② →③
b ② →③ →①
c ③ →① →②
d ① →③ →②

問題31 「駐車」が可能な場所として、正しい選択肢を1つ選びなさい。いずれの場所も「駐車禁止」の標識はないものとする。

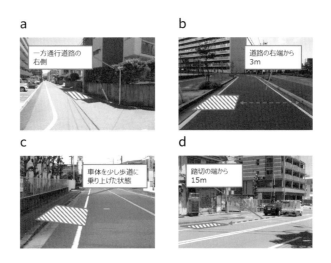

a 一方通行道路の右側

b 道路の右端から3m

c 車体を少し歩道に乗り上げた状態

d 踏切の端から15m

問題32 普通自動車の法定速度について、間違っている選択肢を1つ選びなさい。

a 高速自動車国道（本線車道）の法定最高速度は時速100kmである。
b 自動車専用道路（本線車道）の法定最高速度は時速80kmである。
c 一般道路の法定最高速度は時速60kmである。
d 高速自動車国道（本線車道）の法定最低速度は時速50kmである。

問題33 図の位置で右側面が壁に接触しそうになった際の対処方法について、次の文章の（　　　）に入る組み合わせとして、もっとも適切な選択肢を1つ選びなさい。ただし、ハンドルは右に回している状態で、後方に他の車両はないものとする。

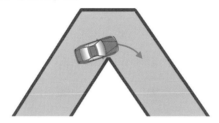

ハンドルを（　①　）、（　②　）する。

a ① 左にすべて回して 　② バック
b ① 左にすべて回して 　② 前進
c ① そのままにして 　　② バック
d ① そのままにして 　　② 前進

問題34 車の保守管理について、間違っている選択肢を1つ選びなさい。

a 運転時には、自動車損害賠償責任保険の証明書を必ず携帯しておく。
b 普通自動車の車検の有効期間は2年または3年であり、乗車前に有効期間内であることを確認する。
c エアコンを効かせておくため、鍵を付けエンジンを掛けたまま停めて、コンビニエンスストアに入る。
d 1〜2ヶ月に一度はタイヤの空気圧を確認する。

問題35 駐車をする際のハンドルを回す方向について、次の文章の（　　　）に入る組み合わせとして、もっとも適切な選択肢を1つ選びなさい。ただし、前輪は真っ直ぐの状態とする。

A：右サイドミラーに映っている右の自動車から離れるためには、バックしながらハンドルを（　①　）に回す。

B：左サイドミラーに映っている左の自動車から離れるためには、バックしながらハンドルを（　②　）に回す。

A

このように離れる

B

このように離れる

a　①　左　　　②　左
b　①　左　　　②　右
c　①　右　　　②　右
d　①　右　　　②　左

問題36 飲酒運転について、間違っている選択肢を1つ選びなさい。

a　缶ビール1本を飲んだあと、4時間空けても「酒酔い運転」となるおそれがある。

b　ごく少量の飲酒であれば、「酒酔い運転」にはならない。

c　飲酒をすすめた人が、運転免許取消となることもある。

d　飲酒運転をするとは知らずに自動車を貸した人は、罰せられない。

問題37 図のような場面で後退を始めるまでの行動について、次の文章の（　　　）に入る組み合わせとして、もっとも適切な選択肢を１つ選びなさい。

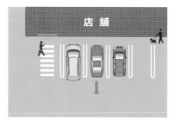

　　自動車の（　①　）を通って運転席に乗り込み、後方をサイドミラーと（　②　）確認する。

a　①　後ろ　　②　直接振り返って
b　①　後ろ　　②　ルームミラーで
c　①　前　　　②　直接振り返って
d　①　前　　　②　ルームミラーで

問題38 「確認よりも動作が先行する行動」の説明として、間違っている選択肢を１つ選びなさい。

a　車線変更時の事故要因となっている。
b　自動車の運転時に起こりやすい。
c　運転に慣れたころに起こりやすい。
d　意識して繰り返すことで変えられる。

問題39　図の位置において、据え切り（停止した状態でハンドルを回すこと）で
ハンドルを右にすべて回してバックした場合、最初に接触する障害物を
1つ選びなさい。

問題40　駐車場での運転方法として、間違っている選択肢を1つ選びなさい。

    a　駐車スペースに後退して入庫するときと後退して出庫するときの事
故の重大さを比べると、後退して出庫したほうが安全である。

    b　駐車スペースが平坦な場合は、ブレーキペダルの上に足を置いて後
退する。

    c　駐車場の出口の見通しがよくない場合は、一時停止して確認したほ
うがよい。

    d　後退する場合は、駐車スペースの前を横切るときに一時停止して確
認したほうがよい。

問題41　A地点からB地点へバックする際、○印の地点でハンドルを回す方向の
順序として、正しい選択肢を1つ選びなさい。

    a　右　→左　→左　→右
    b　右　→左　→右　→右
    c　左　→右　→左　→左
    d　左　→右　→右　→左

問題42 図のaからdの順序で駐車する際、確認すべき場所が<u>不十分な場面</u>として、もっとも適切な選択肢を1つ選びなさい。

a   b   c   d

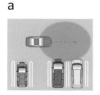

問題43 走行中の携帯電話やカーナビゲーションの操作として、正しい選択肢を1つ選びなさい。

a カーナビゲーションで目的地設定を行う。

b スマートフォンで地図アプリを開いて道順を確認する。

c 携帯電話を手に取って着信相手を確認し、自動車を路肩に止めて掛け直す。

d a～cのいずれも正しくない。

問題44 交通事故を起こした場合に行う①～③の処置の順序として、もっとも適切な選択肢を1つ選びなさい。

① 警察への連絡

② 二次災害防止のための自動車の移動

③ 負傷者の救護と救急隊への要請

a ② →① →③

b ② →③ →①

c ③ →① →②

d ③ →② →①

問題45 停止中の車間距離のとり方として、もっとも適切な選択肢を1つ選びな
さい。

a   b

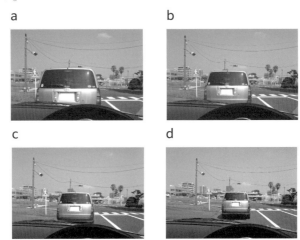

c   d

問題46 高速道路の走行方法について、正しい選択肢を1つ選びなさい。ただし、
すべて制限速度内の走行とする。

a 右側の車線を走行中に左側の車線に移り、右側の車線を走行してい
る自動車を抜いた。
b 左側の車線を走行中に、右側の車線を走行している自動車を抜いた。
c もっとも右側の車線が空いていたので、その車線を走行し続けた。
d 渋滞中に出口が近かったので、路肩を走行した。

問題47 図のような交差点に進入する際、自車が優先的に進める場面として、正しい選択肢を１つ選びなさい。

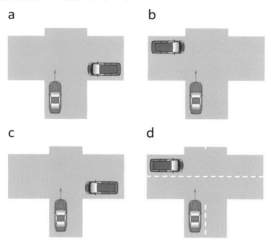

a

b

c

d

問題48　後退する際の運転方法について、次の文章の（　　　）に入る組み合わせとして、もっとも適切な選択肢を1つ選びなさい。

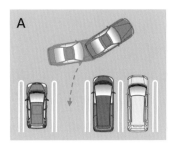
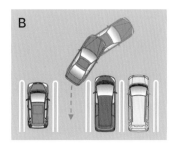

　図Aの位置では、（　①　）後退する。図Bの位置では、（　②　）後退する。

a　①　停止して周囲を確認後　　②　ブレーキを緩めてクリープ
　　　　　　　　　　　　　　　　　　現象で

b　①　停止して周囲を確認後　　②　アクセルを軽く踏んで

c　①　周囲を確認しながら徐行　②　ブレーキを緩めてクリープ
　　　　して　　　　　　　　　　　現象で

d　①　周囲を確認しながら徐行　②　アクセルを軽く踏んで
　　　　して

問題49 図のような交差点で右折する際、対向車の切れ目を待つ位置として、もっとも適切な選択肢を1つ選びなさい。

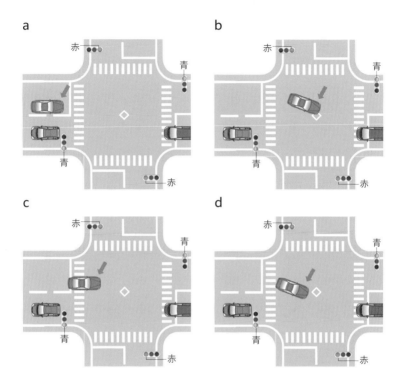

問題50 図のような場面で右折する際の行動について、次の文章の（　　　）に入る組み合わせとして、もっとも適切な選択肢を1つ選びなさい。

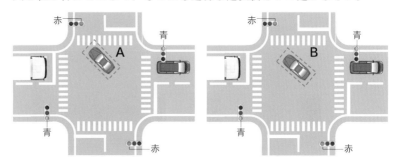

　　図の（　①　）の位置で、進路をゆずってくれた対向車の陰を走行するバイクと、横断歩道の歩行者を（　②　）確認する。

a　①　A　　②　一時停止して
b　①　A　　②　徐行しながら
c　①　B　　②　一時停止して
d　①　B　　②　徐行しながら

問題51 左折方法について、次の文章の（　　　）に入る組み合わせとして、もっとも適切な選択肢を1つ選びなさい。

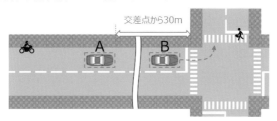

　　図Aの位置では二輪車が（　①　）走行する。図Bの位置では（　②　）を先に確認したほうがよい。

a　①　通過できないように左に寄せて　　②　左後方の二輪車
b　①　通過できないように左に寄せて　　②　横断歩道の状況
c　①　通過できるように左横を空けて　　②　左後方の二輪車
d　①　通過できるように左横を空けて　　②　横断歩道の状況

問題52 写真中矢印で示したスペースにバックして駐車する際、据え切り（停止した状態でハンドルを回すこと）でハンドルをすべて回す位置での右サイドミラーの見え方として、もっとも適切な選択肢を1つ選びなさい。

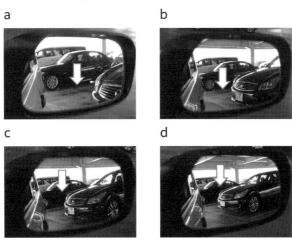

a

b

c

d

問題53 雨は降っていず外の空気が乾燥した状態でフロントガラスの曇りを取り除く方法として、もっとも適切な選択肢を1つ選びなさい。

a ① A/C スイッチをオフ
    ② ⧆スイッチをオン

b ① A/C スイッチをオン
    ② ⧆に合わせる

c ① A/C スイッチをオン
    ② ⧆スイッチをオン

d ① A/C スイッチをオフ
    ② ⧆に合わせる

問題54 アクセルペダルの円滑な操作方法について、次の文章の（　　　）に入る組み合わせとして、もっとも適切な選択肢を1つ選びなさい。

ペダルは足の（　①　）で踏み、（　②　）で微調整を行う。

a ① 指の付け根あたり　　② 足首
b ① 指の付け根あたり　　② ひざ
c ① 裏全体　　　　　　　② 足首
d ① 裏全体　　　　　　　② ひざ

問題55 走行する際の右サイドミラーの見え方として、もっとも適切な選択肢を
１つ選びなさい。

a　　　　　　　　　　　　b

c　　　　　　　　　　　　d

問題56 高速道路を走行する際に義務付けられていることとして、<u>間違っている</u>
選択肢を１つ選びなさい。

a　故障等で停車した場合に停止表示器材を設置する。
b　バッテリー接続用ケーブル（ブースターケーブル）を車載する。
c　タイヤの空気圧と燃料の量を確認する。
d　後部座席でもシートベルトを着用する。

問題57 悪条件下での運転方法として、<u>もっとも不適切な</u>選択肢を１つ選びなさ
い。

a　雪道では、轍（車輪の跡）を走行する。
b　霧の中では、常にロービームで走行する。
c　夜間では、常にハイビームで走行する。
d　強風では、トンネルの出口でハンドルをしっかり持ってアクセルを
緩める。

問題58 左右の見通しがよくない信号のない交差点を直進する際の確認方法について、次の文章の（　　　）に入る組み合わせとして、もっとも適切な選択肢を1つ選びなさい。

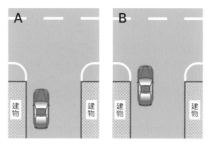

　　図Aの位置では、（　①　）確認する。図Bの位置では、（　②　）確認する。

a　①　徐行しながら　　②　徐行しながら
b　①　徐行しながら　　②　一時停止して
c　①　一時停止して　　②　徐行しながら
d　①　一時停止して　　②　一時停止して

問題59 バックで駐車をする際、駐車枠（写真Ａ・Ｂの白線）と車体を平行にするときのハンドルを回す方向について、次の文章の（　　　）に入る組み合わせとして、もっとも適切な選択肢を１つ選びなさい。ただし、前輪は真っ直ぐの状態とする。

A  　　B

　左サイドミラーがＡのように映っている状態では、ハンドルを（　①　）に回す。右サイドミラーがＢのように映っている状態では、ハンドルを（　②　）に回す。

a　①　右　　②　左
b　①　右　　②　右
c　①　左　　②　右
d　①　左　　②　左

問題60 目や脳の機能として、間違っている選択肢を１つ選びなさい。

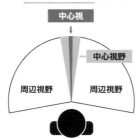

a　止まって確認することで、徐行と比べて確認できる情報量が増える。
b　運転歴が長いと、同じ時間で確認できる情報量が増える。
c　中心視では、標識の文字を認識しやすい。
d　周辺視野では、動かないものは認識しにくい。

問題61　図の①から②の順序で駐車する際、それぞれの場面における対象物の確認方法として、もっとも不適切な選択肢を1つ選びなさい。

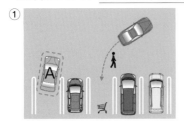 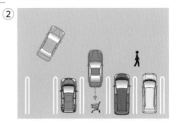

a　①で後ろにある自動車Aをルームミラーで確認する。

b　①で後ろにいる歩行者をサイドミラーで確認する。

c　②で真後ろにあるショッピングカートをルームミラーで確認する。

d　②で両隣の自動車の開くドアをサイドミラーで確認する。

問題62　認知反応時間（危険な事象が発生してからブレーキを踏み始めるまでの時間）について、もっとも適切な選択肢を1つ選びなさい。

a　認知反応時間の平均値が遅い人は交通事故が多い。

b　夜間のほうが昼間よりも認知反応時間が早くなりやすい。

c　認知反応時間は早い状態を維持することができる。

d　認知反応時間のばらつきが大きい人のほうが交通事故が多い。

問題63 各図の道路標示の説明として、<u>間違っている</u>選択肢を１つ選びなさい。

a 白線内に駐停車できる。
※駐停車禁止場所を除く。

b 白線内を自動車が通行できる。

c 前方に横断歩道がある。

d 前方に優先道路がある。

問題64 図の警告灯の意味として、正しい選択肢を１つ選びなさい。

a エンジン冷却水の温度が上がっている。
b ブレーキランプが切れている。
c 燃料が少なくなっている。
d パーキングブレーキがかかっている。

問題65 交通事故について、次の文章の（　　　）に入る組み合わせとして、もっとも適切な選択肢を1つ選びなさい。

　　駐車スペースに後退で入る場合は、駐車スペースから後退で出る場合と比べて、事故当たりの損害額が（　①　）。2018年の人身事故の発生件数の上位2つの形態の組み合わせは（　②　）である。

a　①　多い　　　②　追突、出会い頭
b　①　少ない　　②　追突、出会い頭
c　①　多い　　　②　右折時、左折時
d　①　少ない　　②　右折時、左折時

問題66 図のような狭い道路の曲がり角を切返しをせずに<u>右に曲がる場合</u>、据え切り（停止した状態でハンドルを回すこと）でハンドルを<u>すべて回す位置</u>として、もっとも適切な選択肢を1つ選びなさい。

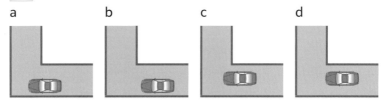

a　　　　　　　b　　　　　　　c　　　　　　　d

問題67 オートマチック車で写真のような坂を下る際のブレーキの使い方として、もっとも適切な選択肢を1つ選びなさい。

a　フットブレーキのみを使う。
b　ギアをニュートラルにしてフットブレーキを使う。
c　パーキングブレーキとフットブレーキを併用して使う。
d　エンジンブレーキとフットブレーキを併用して使う。

問題68 坂道の運転方法として、<u>間違っている</u>選択肢を 1 つ選びなさい。

a 坂の頂上付近では徐行しなければならない。
b 勾配の急な下り坂では徐行しなければならない。
c 勾配の急な下り坂では駐車してはいけない。
d 勾配の急な上り坂では追い越ししてはいけない。

問題69 信号に対する行動として、正しい選択肢を 1 つ選びなさい。

a 一時停止標識があったが、歩行者用信号が青色だったため止まらずに進んだ。
b 信号が青色で直進したが、渋滞していたため横断歩道に少しかかって止まった。
c 信号が赤色だったが、左折可の標示板があったため左折した。
d 停止線の少し手前で信号が黄色に変わったため注意して進んだ。

問題70 図のような交差点で左折する際の曲がり方として、もっとも適切な選択肢を 1 つ選びなさい。

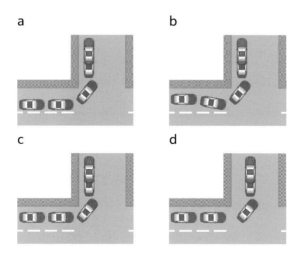

問題71 停止する位置として、<u>間違っている</u>選択肢を1つ選びなさい。

a 標識の直前で停止

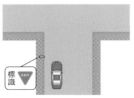

b 横断歩道の直前で停止

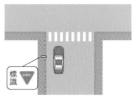

c 交差点の直前で停止

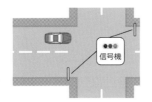

d 信号機の直前（見える位置）で停止

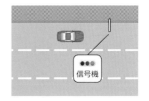

問題72 土ぼこりの多い場所のアスファルトの路面がもっともすべりやすくなる状況として、正しい選択肢を1つ選びなさい。

a 雨量が多いとき
b 路面が濡れ始めたとき
c 路面が渇き始めているとき
d a～cのいずれの状況でも変わらない

問題73 停止中、写真のように運転席から停止線が見えている場合、停止線までの距離を示す写真として、正しい選択肢を1つ選びなさい。

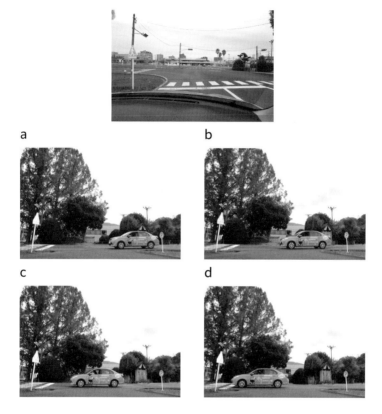

a

b

c

d

問題74 直線道路をふらつかずに走行するための視点の位置を示すものとして、もっとも適切な選択肢を1つ選びなさい。

a

b

c

d

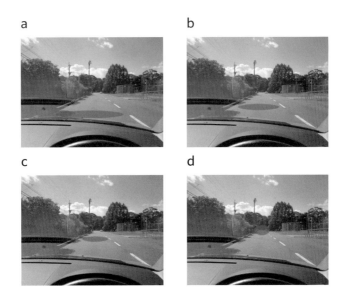

問題75　図のように左側車線の中央を走行している場合、運転席からの見え方を表している正しい選択肢を１つ選びなさい。

a

b

c

d

安全運転能力検定 2 級模擬問題の解答と解説

正 解 と 分 野 一 覧

問題	正解	出題分野	問題	正解	出題分野	問題	正解	出題分野
1	d	運転技能	26	d	交通法規	51	a	運転行動
2	b	運転行動	27	a	運転行動	52	b	運転技能
3	a	運転行動	28	c	運転行動	53	b	運転技能
4	d	運転技能	29	c	交通法規	54	a	運転技能
5	d	運転技能	30	c	運転行動	55	c	運転技能
6	d	交通法規	31	d	交通法規	56	b	交通法規
7	b	運転行動	32	b	交通法規	57	c	交通法規
8	a	交通法規	33	c	運転技能	58	d	運転行動
9	b	運転行動	34	c	交通法規	59	d	運転技能
10	a	交通法規	35	b	運転技能	60	b	運転行動
11	c	交通法規	36	b	交通法規	61	c	運転行動
12	a	運転技能	37	a	運転行動	62	d	運転行動
13	c	運転技能	38	b	運転行動	63	b	交通法規
14	b	交通法規	39	a	運転技能	64	d	運転技能
15	c	運転行動	40	a	運転行動	65	b	運転行動
16	d	運転行動	41	d	運転技能	66	a	運転技能
17	a	運転技能	42	a	運転行動	67	d	運転技能
18	b	運転行動	43	d	交通法規	68	d	交通法規
19	c	運転技能	44	b	交通法規	69	c	交通法規
20	a	運転技能	45	d	運転行動	70	c	交通法規
21	a	運転行動	46	b	交通法規	71	a	交通法規
22	d	交通法規	47	a	交通法規	72	b	運転技能
23	b	運転行動	48	a	運転行動	73	b	運転技能
24	d	交通法規	49	c	交通法規	74	d	運転技能
25	c	運転技能	50	c	運転行動	75	a	運転技能

問題1（第 1 章第 1 節「基礎技能①運転姿勢等」1 ）

正解：d

解説：正確な操作を行い、情報を取りやすくするためには、次のような運転姿勢を保つようにします。

　　①運転席のシートに深く腰掛け、ブレーキペダル（マニュアル車の場合はクラッチペダル）を奥まで踏み込んだとき、ひざに少し余裕があるようにシートの前後の位置を合わせる。

　　②背もたれに背中を着けた状態でハンドルの上部を持ったとき、ひじに少し余裕があるように背もたれの角度を調節する。

問題2（第 3 章第 3 節「交差点での事故防止」2 ）

正解：b

解説：信号のない交差点では、まず、停止線（停止線がない場合は交差点）の直前で停止をし、その後、左右の様子が見える位置までゆっくり進んで再度停止をする「2回以上の停止」が必要です。また、交差点は、自動車や自転車などがあらゆる方向から集まってくる場所であるため、自動車や自転車などを見落としたり、判断ミスをしたりしないように「停止したまま」安全確認をすることも重要です。

問題3（第 3 章第 4 節「直線道路・カーブでの事故防止」1 ）

正解：a

解説：交通事故（衝突）を避ける方法の 1 つが、自車の進行方向に空間を確保することです。進行方向に駐車車両等の障害物が現れた場合は、障害物に対し安全な間隔をとって進む必要があります。対向車が待ってくれている場合でも、障害物の陰から子どもが飛び出してくるなどの危険が考えられますので、急がずに進行しましょう。

問題4（第 1 章第 3 節「応用技能①速度調節等」1 ）

正解：d

解説：車線を変更したり、高速道路の本線車道に合流したりする場合、確認時は進入しようとする車線の流れの速度に近づけておき、車線変更（合流）を始めるタイミングで進入する車線の流れの速度に合わせていくとスムーズです。確認を終えてから車線変更を始めることと、車線変更後は前車との車間距離を詰めすぎないように速度調節を行うことも必要です。

問題5（第1章第3節「応用技能①速度調節等」1）

正解：d

解説：加速や減速が緩やかであることは、エコドライブ（環境負荷の軽減に配慮した自動車の使用）だけでなく、安全運転の観点からも重要です。減速時は、エンジンブレーキを活用しながら、フットブレーキを断続的に踏み分けます。「緩やか」の目安として、加速も減速も、毎秒の速度変化を時速5km以内となるように意識しましょう。また、停止する直前にブレーキをいったん緩め、再度、やわらかく踏み込んで止まりましょう。

問題6（第2章第7節「走行規則⑥駐車・停車」2）

正解：d

解説：交差点や横断歩道、バス停のある場所やその付近は、駐停車が禁止されています。また、自動車の出入口から3m以内の場所は、駐車が禁止されています。駐車禁止場所、駐停車禁止場所について確認しておきましょう。また、法的に駐車や停車ができる場所であっても、周囲の状況を考慮し、できるだけ他の交通や周辺住民の迷惑にならない場所を選んでください。

問題7（第3章第1節「交通事故の2要因」1）

正解：b

解説：速度を上げる、車間距離を短くするなどの先急ぎ運転をしても、その分、信号や渋滞で停止する時間が長くなることなどから、意味あるほどの時間短縮にはつながりません。先急ぎ運転は、事故のリスクが高まるだけでなく、燃費の悪化や疲労、渋滞の原因にもなります。

問題8（第2章第1節「信号・標識・標示」2）

正解：a

解説：円の外側が赤色で囲まれ円の内側が青地の「駐車禁止」を意味する標識と、円の外側が赤色で囲まれ円の内側が白地の「通行止め」を意味する標識は、間違えやすいため注意しましょう。
　　　・駐車禁止の標識：青地に赤色の右下がりの斜線があるもの
　　　・駐停車禁止の標識：青地に赤色の×印の斜線があるもの
　　　・車両通行止めの標識：青地に赤色の右下がりの斜線があるもの
　　　・通行止めの標識：青地に赤色の×印の斜線があるもの

問題9（第3章第3節「交差点での事故防止」1）

正解：b

解説：信号のある交差点で赤色から青色に変わり、自車が先頭で発進しようとす

るときは、次のようなことに注意しなければなりません。

①先が渋滞していて、交差点内や横断歩道上で停止することがないよう、前方の状況を確認しておく。

②後方からすり抜けてくる二輪車、前方の横断歩道上に残っている歩行者、交差道路の信号を無視しようとしている自動車の有無を確認しておく。

問題10（第２章第１節「信号・標識・標示」２）

正解：a

解説：標識には、本標識と補助標識があります。補助標識とは、規制標識などの本標識に取り付けられ、意味を補足するものです。補助標識によって、規制の理由を示したり、規制が適用される時間・曜日、自動車の種類、区間などを特定したりしています。区間を特定する補助標識では、右矢印「→」は「始まり」を示し、左矢印「←」や左下がりの斜線「∅（0の中に／）」は「終わり」を示します。

問題11（第２章第３節「走行規則②交差点」１）

正解：c

解説：右左折や進路変更などをしようとする場合は、あらかじめ安全確認を行ってから合図を出し、右左折や進路変更などが終わるまで合図を継続しなければなりません。また、右左折しようとする地点の30m手前、進路を変えようとする約3秒前など、合図を出すタイミングも決められています。周囲の安全確認と周囲への早めの意思表示によって、安全運転に努めましょう。

問題12（第１章第１節「基礎技能②運転装置等」２）

正解：a

解説：車種によって異なりますが、一般的に、ハンドルは左右にそれぞれ1.5回転程度回ります。ハンドルの回転量が同じでも、進行速度が速いほど自動車の向きが急激に変わります。緩やかに進路を変えるためには、進行速度が速いほどハンドルの回転量を少なめにすることが大切です。

問題13（第１章第３節「応用技能①速度調節等」１）

正解：c

解説：交差点を左折する場合は、交差点の左側端から大きく離れると危険を伴うことがあります。したがって、交差点の左側端に沿って、徐行で曲がることが定められています（道路交通法第34条第1項）。交差点内をゆっくり曲

がり、左側端から大きく離れないようにする必要があります。曲がり始める前に減速を終え、ふらつかないようにハンドルを戻しながら緩やかに加速しましょう。

問題14（第2章第1節「信号・標識・標示」2）

正解：b

解説：円の外側が赤色で囲まれ円の内側が赤地の標識は、禁止事項や規制事項を表示する規制標識です。ただし、円の外側が赤色で囲まれ円の内側が青地の規制標識もあり、「指定方向外進行禁止」や「一方通行」などがその例です。なお、円の外側が赤色で囲まれ円の内側が青地の標識は、主に、できることや決められた場所などを指示する指示標識です。また、円の外側が赤色で囲まれ円の内側が黄色の標識は、道路上の危険や注意すべき状況などを知らせる警戒標識です。

問題15（第3章第3節「交差点での事故防止」1）

正解：c

解説：右折しようとするときは、交差点内を徐行しながら通行しなければならいことが定められています（道路交通法第34条第2項）。対向車の短い切れ目で、間をくぐり抜けるように速い速度で曲がると事故につながることがあります。右折をしようとするときは、対向車の大きな切れ目や信号の変わり目を待って、徐行で曲がることが事故防止のポイントとなります。

問題16（第3章第4節「直線道路・カーブでの事故防止」1）

正解：d

解説：車間距離を前の自動車との時間差に置き換えたものを、車間時間と呼びます。停止までには、認知反応時間（危険な事象が発生してからブレーキを踏み始めるまでの時間）が遅延した場合は1.5秒、時速60kmで乾燥路面走行中の場合は2秒弱かかるため、一般道路では4秒以上の車間時間が確保されていることが望まれます。前の自動車がある地点を通過したあと、自車がその地点を4秒以上経過してから通過できるようにして、追突事故の防止に努めましょう。

問題17（第1章第4節「応用技能②後退」2、第1章第2節「基礎技能②運転装置等」2）

正解：a

解説：オートマチック車は、マニュアル車に比べ操作負担が軽減されますが、それに伴うリスクもあるため、さまざまな対策がされています。自動車がクリープ現象で意図せず動き出さないように、ブレーキを踏み、チェンジレ

バーのボタンを押さなければ、P（パーキング）の位置から動かないようになっています。PかN（ニュートラル）の位置でなければ、エンジンが始動できないのもそのためです。

問題18（第３章第３節「交差点での事故防止」２）

正解：b

解説：信号のない交差点で優先道路に進入しようとするときは、次のようなことに注意しなければなりません。

①後方からすり抜けてくる二輪車の有無を確認しておく。

②優先道路の左右から近づいてくる自転車や歩行者を確認しておく。とくに自転車は、速度も速いため注意する。

③優先道路の自動車と後方からすり抜けてくる二輪車の有無を再確認しておく。

問題19（第１章第３節「応用技能①速度調節等」１）

正解：c

解説：狭い場所を前進して自動車の向きを変える場合、後輪は前輪が通る位置よりも内側を通るため（内輪差）、内側にできるだけ空間を確保しておく必要があります。また、ハンドルを回して向きを変え始めるタイミングが遅いと、自動車の前方が障害物などに接触するおそれがあります。したがって、前輪の位置をイメージしながらハンドルを回すようにしましょう。

問題20（第１章第３節「応用技能①速度調節等」１）

正解：a

解説：カーブを曲がろうとする場合は、曲がり始める前にカーブのR（半径）に応じた速度まで減速を終えておき、一定速度のままで曲がり終えると自動車の動きが安定しやすくなります。カーブ内で大きく加減速を行うと、横滑りや横転の原因となります。また、カーブから出始めるタイミングで徐々に加速を始めると、ハンドルの復元力も働き、安全かつスムーズに走行することができます。

問題21（第３章第３節「交差点での事故防止」１・２）

正解：a

解説：踏切を通過しようとするときは、踏切の直前で（停止線があるときは停止線の直前で）一時停止をし、目や耳を使って安全確認をしたうえで進行しなければなりません。ただし、踏切に信号機がある場合は、信号に従って通過することができます。また、踏切内では、停止することなく通過しな

ければなりません。

問題22（第2章第2節「②走行規則①車両通行の原則」2）

正解：d

解説：一方通行以外の道路では、通常、自動車は道路の中央から左に寄って走らなければなりません。また、中央線が白色の破線の場合には、右側部分にはみ出して前車を追い越すことが可能ですが、黄色や白色の実線の場合には、「追い越しのため右側部分はみ出し通行禁止」であり、右側部分にはみ出して追い越しをすることができません。なお、駐車車両を避ける場合は、右側部分にはみ出しても「追い越し」に該当しません。

問題23（第3章第3節「交差点での事故防止」1）

正解：b

解説：減速するよりも先に左折の合図を出すことにより、後続車から追突されるリスクを下げることができます。また、巻き込み確認は、曲がろうとする交差点の角からおよそ自動車1台分（約4〜5m）手前で行ってください。このタイミングよりも遅れると、信号の変わり目や横断歩道を渡ろうとする歩行者を見逃したり、左折が大回りになったりする可能性があります。

問題24（第2章第2節「走行規則①車両通行の原則」4）

正解：d

解説：横断歩道（自転車横断帯）と横断歩道の手前に停止している自動車があるときには、そばを通って前方に出る前に一時停止が必要です。また、横断歩道の右側に歩行者がいるときには、対向車が止まらない場合でも停止して歩行者を横断させなければなりません。なお、横断歩道の手前から30m以内は追い越し禁止場所です。

問題25（第1章第4節「応用技能②後退」3）

正解：c

解説：バック（後退）は前進に比べ、車体の向きを変えるために距離が必要です。したがって、駐車スペースよりも少し前に進んでいくか、駐車スペースに対してできるだけ真っ直ぐバックできるようにすると、切り返しが少なくなり効率よく駐車が行えます。また、車体の向きを変える際、外輪差や内輪差で障害物に接触しにくいスペースを確保することが大切です。

問題26（第2章第2節「走行規則①車両通行の原則」4）

正解：d

解説：自動車は、歩道や路側帯を通行することができません。また、道路外の施

設との出入りのため、歩道や路側帯を横切る場合には、歩道の手前で一時停止が必要となります。また、自動車は、歩行者専用道路を通行することはできませんが、沿道に車庫を持つなどで警察署長の許可を受けて通行する際は、歩行者の有無にかかわらず徐行しなければなりません。

問題27（第３章第３節「交差点での事故防止」２）

正解：a

解説：施設や駐車場から道路へ出るために歩道や路側帯を横切る場合は、一時停止を行わなければならないことが定められています（道路交通法第12条第2項）。施設や駐車場から道路へ出る場合、歩道や路側帯を横切る前に停止し、見通しがよくないのであれば少し進んで再度停止しましょう。また、カーブミラーを見る場合も含め、確認は停止したまま行うことが大切です。

問題28（第３章第３節「交差点での事故防止」１）

正解：c

解説：右折しようとするときは、交差点内を徐行しながら通行しなければならいことが定められています（道路交通法第34条第2項）。

問題29（第２章第４節「走行規則③規制・法定速度」３、第２章第５節「走行規則④歩行者保護」１）

正解：c

解説：歩行者のそばを通るときは、歩行者が歩道と車道のどちらを歩いていても、安全な間隔をとるか、間隔がとれないときは徐行しなければなりません。「安全な間隔」については、歩行者と対面していれば1m程度、背を向けていれば1.5m程度を目安としましょう。また、一人で歩いている子どものそばを通るときは、間隔にかかわらず一時停止か徐行をしなければなりません。

問題30（第３章第３節「交差点での事故防止」１）

正解：c

解説：進路を変更しようとする場合は、他の交通に危険を与えたり迷惑を掛けたりしないように、次の手順で行います。

①バックミラーで後方の状況を確認する。

②約3秒前には、進路を変更しようとする側の合図を出す。

③進路を変更し始める前に、変更しようとする側のサイドミラーとサイドミラーの死角部分を確認する。

問題31（第2章第7節「走行規則⑥駐車・停車」2）

正解：d

解説：踏切とその端から前後10m以内の場所や歩道は、駐停車が禁止されています。また、車の右側の道路上に3.5m以上の余地を空け、道路の左端に駐車しなければなりません。駐車禁止場所、駐停車禁止場所についてもう一度確認をしてください。また、法的に駐車や停車ができる場所であっても周囲の状況を考慮し、できるだけ他の交通や周辺住民の迷惑にならない場所を選んでください。

問題32（第2章第8節「走行規則⑧高速道路」1・2）

正解：b

解説：高速道路は、地方自治体が管轄する都市（首都）高速道路などの自動車専用道路と、国が管轄する高速自動車国道の2つに分類されます。

- ・自動車専用道路の法定最高速度：時速60km
- ・高速自動車国道の法定最高速度：時速100km
- ・法定最低速度：時速50km

いずれの道路も、公安委員会により規制速度で指定されている区間があります。

問題33（第1章第4節「応用技能②後退」3）

正解：c

解説：狭い道路で、内輪差によって自車の内側が接触しそうになったときは、ハンドルを動かさずにそのままバック（後退）させ、曲がり始める前の地点まで戻るようにしましょう。ハンドルを反対側に回して前進することによっても、自車の内側を接触させずに進むことができる場合もありますが、その後、切り返しをせずに曲がれるよう、バックで戻るほうが効率的です。

問題34（第2章第12節「一般規則④自動車の登録・検査と保険制度」1）

正解：c

解説：鍵を付けたまま停めていた自動車が盗難に遭い、事故を起こした場合、自動車損害賠償保障法の「運行供用者」としての責任や、民法の自動車管理上の過失責任を追求される可能性があります。自動車損害賠償責任保険の証明書や車検証については、車載しておかなければなりません。また、タイヤの空気は自然に抜け、圧力が低下することもあるため、1～2か月に一度は点検を行いましょう。

問題35（第１章第４節「応用技能②後退」３）

正解：b

解説：後退で右後ろに進みたいときは右にハンドルを回し、左後ろに進みたいときは左にハンドルを回します。ルームミラーとサイドミラーで障害物を見ながら後退する場合は、自車の内側を障害物に近づけたいときは障害物の方向にハンドルを回し、遠ざけたいときは障害物と反対の方向にハンドルを回します。

問題36（第２章第９節「一般規則①飲酒運転・携帯電話などの禁止事項」１）

正解：b

解説：アルコール分解にかかる時間には個人差があり、何時間経過すれば問題ないとは言い切れません。酒酔い運転とは、アルコールの影響により正常な運転ができないおそれがある状態のときに適用されるものであり、体内のアルコール量とは関係がありません。飲酒運転や飲酒運転をそそのかす行為は重大違反のため、運転免許の取り消しが行われることもあります。

問題37（第３章第５節「発進・車線変更・後退時の事故防止」４）

正解：a

解説：運転席に乗り込むと、車体やルームミラー・サイドミラーの死角に入り、見えなくなる部分が出てきます。死角に障害物がないことを確認するため、運転席に乗り込む際は、最低限、進行方向を通って乗り込むようにしましょう。また、ギアを入れるとブレーキペダルが緩み自動車が動き出す危険性があるため、先に周囲全体を確認してからギアを入れるように習慣づけましょう。

問題38（第３章第１節「交通事故の２要因」３）

正解：b

解説：確認よりも動作が先行するのは、歩行社会で培われた行動パターンです。人類は、歩行速度での生活を誕生以来長く続けており、歩行社会の行動パターンを自動車社会に持ち込んでいるものと考えられます。動作先行型の行動パターンに気づき、確認先行型の行動を意識し繰り返していくことにより、安全な行動パターンを身につけることが可能です。

問題39（第１章第４節「応用技能②後退」３）

正解：a

解説：バック（後退）するときも、前進するときと同様に進みたい方向へハンドルを回します。つまり、後退で右後ろに進みたいときは右にハンドルを回

し、左後ろに進みたいときは左にハンドルを回します。また、バックで車体の向きを変えるときは、自車の内側の障害物や自車の外側の障害物に注意しましょう。

問題40（第3章第5節「発進・車線変更・後退時の事故防止」4）

正解：a

解説：駐車場と道路間の出入りのために歩道などを横切るときは、歩行者や自転車との衝突を避けるため、出入口で一時停止し確認を行いましょう。また、駐車場での事故の特徴として、後退で出庫する場合は進行中の車両や歩行者との衝突が多く、後退で入庫する場合は静止物との衝突が多くなっています。出庫時の事故の重さや大きさを考え、できるだけ後退で駐車をしましょう。

問題41（第1章第4節「応用技能②後退」3）

正解：d

解説：バック（後退）で右後ろに進みたいときは右にハンドルを回し、左後ろに進みたいときは左にハンドルを回します。バックで進みたい方向に顔を向け、顔を向けている方向にハンドルを回すようにすると、感覚がつかみやすいでしょう。

問題42（第3章第5節「発進・車線変更・後退時の事故防止」4）

正解：a

解説：後退を始めてからでは障害物が車体やルームミラー・サイドミラーの死角に入る危険性があります。したがって、駐車しようとする駐車スペースの前で、背の低い障害物や車止めの有無を確認することが重要です。駐車場内での事故は、全体の約半数を占めているといわれています。後退前に停止状態で周囲を確認し、なるべくアクセルを使わず歩行速度を超えないようにし、事故発生のリスクを軽減させましょう。

問題43（第2章第9節「一般規則①飲酒運転・携帯電話などの禁止事項」2）

正解：d

解説：走行中に携帯電話を使用すると、携帯電話に視線が向いたり、通話に意識が取られたりするといったリスクがあります。携帯電話を手に持って通話したり画像を注視したりなど、携帯電話を使用した場合や携帯電話の使用で危険を発生させた場合は罰せられます（道路交通法第71条第5項第5号）。また、各都道府県の条例でイヤホン式のハンズフリーの通話を禁止している場合もあります。

問題44（第２章第10節「一般規則②緊急自動車への対応・事故時の対応」２）

正解：b

解説：交通事故を起こした場合、自動車の運転者や同乗者には、「救護措置」と「報告」の義務が課せられています（道路交通法第72条第1項）。
　　　・救護措置：運転をすぐに停止すること、負傷者の救護をすること、交通事故の続発を防ぐことの3点
　　　・報告：事故の内容などについて警察官に報告すること
　　　人の命に関わるため、救護措置を優先しましょう。

問題45（第３章第５節「発進・車線変更・後退時の事故防止」２）

正解：d

解説：発進直後に追突する事故が多く発生しています。発進直後の追突を防止するためには、前車に続いて停止する場合はおよそ車1台分（約4〜5m）の距離を空ける習慣を身につけることが大切です。セダンタイプの普通自動車の場合、運転席から前車との間に地面が見えていれば約5mの距離が空いています。前車が発進後、一呼吸置いて周囲を確認してからゆっくり発進することも大切です。

問題46（第２章第２節「走行規則①車両通行の原則」３）

正解：b

解説：同一方向に複数の車線（車両通行帯）があるときは、速度の遅い車を基準に左から右の順で車線を通行しなくてはなりません。もっとも右側の車線は、追い越しや右折をする車のために空けておかなければなりません（道路交通法第20条第1項）。また、他の車を追い越すときは、その右側を通行しなければなりません。これは高速道路の場合も同じです。

問題47（第２章第３節「走行規則②交差点」２）

正解：a

解説：信号機などによる交通整理が行われておらず、道幅が同じような交差点では、交差道路を左方向から進行してくる車両の進行妨害をしてはいけません。また、標識や標示で交差道路が優先道路であることを示されていたり、交差点の中まで車線が引かれていたり、道幅が広かったりする場合は、交差道路の車両の通行を妨害してはいけません。

問題48（第３章第５節「発進・車線変更・後退時の事故防止」４）

正解：a

解説：確認は、可能な限り停止状態で行うことが重要です。後退開始前には、必

ず停止状態で周囲の確認を行ってください。また、アクセルとブレーキの踏み間違い防止や、万が一接触した際の被害を最小限にとどめるため、後退中はできる限りアクセルを踏まないようにすることも大切です。とくに、障害物が近いときや、ハンドル操作を行っているときは、人が歩くよりも遅い速度を意識しましょう。

問題49（第2章第3節「走行規則②交差点」1）

正解： c

解説：交差点で右折しようとするときは、あらかじめできるだけ道路の中央に寄り、交差点の中心のすぐ内側を徐行しながら通行しなければなりません。また、矢印などの標示で通行方法が指定されているときは、指定に従って通行します。対向車の通過を待つ場合は、道路の中央寄りで、交差点の中心のすぐ手前で待たなければなりません。これらを守って、他車に迷惑をかけないように注意しましょう。

問題50（第3章第3節「交差点での事故防止」1）

正解： c

解説：対向車が進路をゆずってくれた場合などに右折しようとするときは、対向車の陰から二輪車が出てくること、歩行者や自転車が交差点を横断してくることに注意しなければなりません。場合によっては、対向車の前を横切る直前で一時停止して確認することも大切です。進路をゆずってくれた対向車をできるだけ待たせないようにという気持ちから、あわてて曲がり出すと大変危険です。

問題51（第3章第3節「交差点での事故防止」1）

正解： a

解説：左折しようとするときは、あらかじめできるだけ道路の左側に寄せて交差点の左側端に沿って、二輪車が自車の左側を抜けていくことができないようにし、徐行しながら通行しなければなりません。徐行は、おおむね時速10kmといわれています。また、交差点の約5m手前で左後方の二輪車を巻き込まないように確認しておき、次に、横断歩行者や歩道を走る自転車などを確認しましょう。

問題52（第1章第4節「応用技能②後退」1・2）

正解： b

解説：車両の間にバック（後退）して駐車しようとする場合、自車の内側にある後輪付近を手前の自動車の角に近づけるように向きを変えていくと、車体

を誘導しやすくなります。サイドミラーに映る自車と手前の自動車が接近しすぎないように確かめながら、奥の自動車とも接近しすぎないように注意する必要があります。サイドミラーでの距離感がつかみにくいときは、窓を開けて直視したり、自動車から降りて確かめたりしましょう。

問題53（第１章第２節「基礎技能②運転装置等」２）

正解：b

解説：フロントガラスが曇るのは、車内の湿度が大きな原因です。ガラスの曇りを取るためには、A／C（エアーコンディショナー）スイッチをオンにして除湿をするのがもっとも効果的です。あわせて、風の吹き出し口をデフロスターにセットすると、フロントウインドウやサイドウインドウに向かって風が出るようになるため、スムーズに曇りを取ることができます。

問題54（第１章第２節「基礎技能②運転装置等」２）

正解：a

解説：安全とエコ（経済的・環境的）の観点から、緩やかな加減速操作が必要です。ペダルの中央付近を足の指の付け根あたりで踏み、かかとは床に着けて足首を動かして操作すると微調整がしやすくなります。また、停止する直前にブレーキをいったん緩め、再度やわらかく踏み込んで止まりましょう。緩やかな加減速は、エコドライブだけでなく、安全運転においても重要です。

問題55（第１章第１節「基礎技能①運転姿勢等」２、第１章第４節「応用技能②後退」１）

正解：c

解説：サイドミラーについては、走行時はミラーの下半分が地面（道路）、上半分に地上、内側に自車の車体がミラーの1/4程度に映るように合わせましょう。より遠くの後方の自動車までが映り、後方の自動車との位置関係もわかりやすくなります。後退や幅寄せなどをするときは、ミラーの角度を下に向けると自車の車体の後輪付近が見やすくなります。

問題56（第２章第８節「走行規則⑧ 高速道路」５）

正解：b

解説：高速道路での事故は重大事故につながることが多いため、走行前に自動車や積荷の点検が義務付けられています（道路交通法第75条第10項）。具体的には、タイヤの破裂（バースト）を防ぐために空気圧を確認したり、道路上で停止しないために燃料や冷却水の量などを確認したりしておきま

しょう。また、万一の場合に事故を誘発しないよう、停止表示器材も車載しておかなければなりません。

問題57（第2章第11節「一般規則③悪条件下での運転」2）

正解： c

解説： 雪道では、轍（わだち）に沿って走行したほうが横滑りを起こしにくく安全です。ハイビームは走行用前照灯、ロービームはすれ違い用前照灯と呼ばれ、対向車や前方に自動車がない場合はハイビームが基本です。霧や雨などの天候では、乱反射を抑えるためにロービームで走行しましょう。風が強い日のトンネル出口では、横風にあおられる危険があるため、ハンドルをしっかり持って速度を落としましょう。

問題58（第3章第3節「交差点での事故防止」2）

正解： d

解説： 見通しがよくない信号のない交差点では、まず、停止線（停止線がない場合は交差点）の直前で停止をし、その後、左右の様子が見える位置までゆっくり進んで再度停止をする「2回以上の停止」が必要です。

問題59（第1章第4節「応用技能②後退」3）

正解： d

解説： ルームミラーとサイドミラーで障害物を見ながらバック（後退）する場合は、自車の内側を障害物に近づけたいときは障害物の方向にハンドルを回し、遠ざけたいときは障害物と反対の方向にハンドルを回します。

問題60（第3章第3節「交差点での事故防止」2）

正解： b

解説：「確認したつもり」で事故を起こした場合は、確認の質に問題があったと考えられます。確認の質を高めるためには、時間をかけることと、対象物に顔（視線の中心）を向けることの2点が重要です。信号のない交差点では、自動車が停止した状態で確認を行うことで、時間をかけやすく、左右の対象物に顔を向けやすくなります。なお、確認の質は、運転の経験に比例するものではありません。

問題61（第3章第5節「発進・車線変更・後退時の事故防止」4）

正解： c

解説： 後退を始めてからでは障害物が車体やルームミラー・サイドミラーの死角に入る危険性があります。したがって、駐車しようとする駐車スペースの前で、背の低い障害物や車止めの有無を確認することが重要です。

問題62（第３章第１節「交通事故の２要因」2）

正解：**d**

解説：認知反応時間のばらつきが大きい人は、安定している人に比べ事故の危険
性が高いことがわかっています。また、認知反応時間のばらつきは、脳生
理学上の要因から若年層や高齢層で大きくなります。認知反応時間の突発
的な遅れを考慮し、車間距離等の進行方向に対する空間を広く確保する必
要があります。

問題63（第２章第１節「信号・標識・標示」2）

正解：**b**

解説：道路の左側端に引かれている1本の白線の内側部分は路側帯であり、歩道
の代わりとなり、自動車の通行はできません。路側帯の場合、「◇」の道
路標示は前方に横断歩道または自転車横断帯があることを示し、「▽」の
道路標示は前方が優先道路であること示しています。なお、路側帯の横に
歩道がある場合は、白線の内側部分は車道外側線となり、車道の一部にな
ります。

問題64（第１章第２節「基礎技能②運転装置等」2）

正解：**d**

解説：警告灯は、トラブルの早期発見のために重要です。ランプの色は、国際規
格(ISO)に基づく世界共通基準となっています。赤色は危険、黄色は注意、
緑色は安全を表します。また、温度の高低を示す場合は、赤色は高温、青
色は低温を表しています。なお、パーキングブレーキの警告灯が点灯した
まま走行すると、ブレーキが効かなくなるおそれもあります。

問題65（第３章第２節「交通事故の防止方法」1）

正解：**b**

解説：2018年は、全国で430,601件の人身事故が発生しました。そのうち、車両
相互の事故が全体の86.1%を占めています。車両相互の事故の内訳では、
追突事故が34.7%、出会い頭事故が24.8%を占めています。また、駐車場で
の事故の特徴として、後退で出庫する場合は進行中の車両や歩行者との衝
突が多く、後退で入庫する場合は静止物との衝突が多くなっています。

問題66（第１章第３節「応用技能①速度調節等」1）

正解：**a**

解説：狭い場所を前進して自動車の向きを変える場合、内輪差を考慮して、内側
にできるだけ空間を確保しておく必要があります。

問題67（第1章第3節「応用技能①速度調節等」1）

正解：d

解説：長い坂道を下る際は、エンジンブレーキとフットブレーキを併用しながら速度を抑えることが大切です。フットブレーキのみに頼り過ぎると、フェード現象やベーパーロック現象が発生し、ブレーキが効かなくなることがあります。燃費向上につながると勘違いしニュートラルで坂を下ると、フットブレーキの負担が大きくなるため危険です。

問題68（第2章第4節「走行規則③規制・法定速度」3、第2章第6節「走行規則⑤追い越し」1、第2章第7節「走行規則⑥駐車・停車」2）

正解：d

解説：上り坂の頂上付近と勾配の急な下り坂では徐行しなければならず、追い越しが禁止されています。また、上り坂の頂上付近と勾配の急な上り坂・下り坂では、駐停車が禁止されています。特に、坂道を下るときに発生する事故は重大な結果を招くことが多いため、徐行などの規則を守りましょう。

問題69（第2章第1節「信号・標識・標示」1）

正解：c

解説：自動車に対する信号の意味は、次のとおりです。
- 青色：歩行者や他の自動車などの状況がよければ、直進や右左折で進むことができる。
- 黄色：停止位置から先に進むことができない。ただし、安全に停止できないような場合はそのまま進むことができる。
- 黄色の点滅：他の交通に注意して進むことができる。
- 赤：停止位置から先に進むことができない。
- 赤の点滅：停止位置で一時停止し、安全を確認後に進むことができる。

問題70（第2章第3節「走行規則②交差点」1）

正解：c

解説：左折しようとするときは、あらかじめできるだけ道路の左側に寄せて交差点の左側端に沿って、二輪車が自車の左側を抜けていくことができないようにし、徐行しながら通行しなければなりません。

問題71（第2章第1節「信号・標識・標示」1）

正解：a

解説：「一時停止」の標識とともに停止線があるときは、停止線の直前で停止しなければなりません。また、「一時停止」の標識とともに横断歩道がある

ときは、横断歩の直前で停止しなければなりません。「一時停止」の標識のみで横断歩道も停止線もないときは、交差点の直前で停止しなければなりません。信号のない交差点では、出会い頭の事故が多く発生しています。まずは、一時停止を正しく行い、安全運転に努めましょう。

問題72（第１章第３節「応用技能①速度調節等」１）

正解：b

解説：制動力は、タイヤの路面に対する摩擦力によって得られるため、路面の状態による影響を理解しておく必要があります。雨で濡れた路面は、乾燥した路面よりも摩擦係数が低く、当然、滑りやすくなります。特に、雨の降り始めは、路面にほこりや泥などが浮き上がって滑りやすくなる傾向があるため、走行速度を出し過ぎないように注意が必要です。

問題73（第１章第３節「応用技能①速度調節等」２）

正解：b

解説：信号や踏切、一時停止場所などでは、停止線の手前約1mの位置で停止できることが理想です。普通自動車の場合、前方の車体の死角が約4mあるため、停止線が視界から消えてから約3m進んで停止すると、停止線の手前約1mでの停止となります。停止線を越えて停止すると、横断歩行者などの通行を妨げたり、見通しが悪い交差点であれば衝突の原因になったりするため注意しましょう。

問題74（第１章第３節「応用技能①速度調節等」１）

正解：d

解説：適切な視点のとり方で運転しないと、車体がふらつく原因となります。進行方向のできるだけ遠くを見て運転しましょう。遠くを見ていると、近くを見ているときよりも進行方向とのズレに気づきやすくなります。歩いているときや自転車に乗っているときと同様に視点をとると安全です。

問題75（第１章第３節「応用技能①速度調節等」１）

正解：a

解説：車線をはみ出したり、左側の障害物に接触したりしないように注意が必要です。サイドミラーで自車の走行位置を確認し、前方の中央線等を目安に調整すると、車幅感覚を身につけやすくなります。また、進行方向のできるだけ遠くを見て運転すると、走行位置のズレに気づきやすくなります。

第１章 運転技能

第２章 交通法規

第３章 運転行動

第４章 模擬問題

用 語 の 意 味

１．車の種類と略称

◆車の種類

車は次のように分類されます。

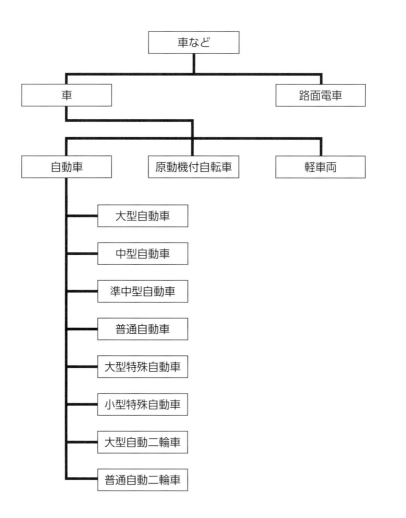

◆車の略称

補助標識で車の種類を特定する場合に、次のような略称が用いられます。

略称	車両の種類
大型	大型自動車
大型等	大型自動車、特定中型自動車および大型特殊自動車
中型	中型自動車
準中型	準中型自動車
特定中型	特定中型自動車
普通	普通自動車
自二輪	大型自動二輪車および普通自動二輪車
軽	長さ3.40m以下、幅1.48m以下、高さ2.00m以下、総排気量660cc以下の普通自動車
原付	原動機付自転車
二輪	二輪の自動車および原動機付自転車
小二輪	小型二輪車および原動機付自転車
自転車	普通自転車
乗用	人を運搬する構造の自動車
特定中乗	特定中型乗用自動車
バス	大型乗用自動車および特定中型乗用自動車
大型バス	乗車定員が30人以上の大型乗用自動車
マイクロ	大型バス以外の大型乗用自動車および特定中型乗用自動車
普乗	普通乗用自動車
大貨	大型貨物自動車
大貨等	大型貨物自動車、特定中型貨物自動車、大型特殊自動車
中貨	中型貨物自動車
特定中貨	特定貨物自動車
標章車	高齢運転者等標章自動車

2．乗り物・人

●車など
車（自動車、原動機付自転車、軽車両、トロリーバス）と路面電車をいいます。

●車・車両
自動車、原動機付自転車、軽車両、トロリーバスをいいます。

●自動車
原動機を用い、レールや架線によらずに運転される車で、原動機付自転車、自転車、身体障がい者用の車いす、歩行補助車、小児用の車など以外のものをいいます。

●特定中型自動車
車両総重量8t以上11t未満、最大積載量5t以上6.5t未満または乗車定員11人以上29人以下の中型自動車をいいます。

●ミニカー
総排気量50cc以下または定格出力0.60kw以下の原動機を持つ普通自動車をいいます。

●原動機付自転車
総排気量50cc以下または定格出力0.60kw以下の二輪車、もしくは総排気量20cc以下または定格出力0.25kw以下の三輪以上、左右の車輪の距離が0.5m以下で車室を持たない総排気量50cc以下または定格出力0.60kw以下の三輪以上の車で、自転車、身体障がい者用の車いす、歩行補助車、小児用の車など以外の車をいいます。

●小型二輪車
総排気量125cc以下または定格出力1.00kw以下の普通自動二輪車をいいます。

●軽車両
低出力の電動機の付いたハイブリッド自転車を含む自転車、荷車、リヤカー、そり、牛馬などをいいます。身体障がい者用の車いす、歩行補助車、小児用の車などは歩行者として扱われます。

●自転車
人の力で運転する二輪以上の車で、身体障がい者用の車いす、歩行補助車、小児用の車など以外のものをいいます。低出力の電動機の付いたハイブリッド自転車を含みます。

●歩行者

道路を通行している人をいいます。

●路面電車

道路上をレールにより運転される車を
いいます。

●トロリーバス

路面電車とバスの長所をもった交通機
関で、排気ガスを出さない、軌道を敷
設する必要がないなどの特徴がありま
す。国内では富山県の室堂〜大観峰間
と、富山県黒部ダム〜長野県扇沢間
（観光用の専用路）で運転されている
だけで、一般道路では運行されていま
せん。したがって、本書ではトロリー
バスについては触れていません。

3．規格

●車両総重量

「車の重量＋最大積載量＋乗車定員の
重量」のことをいいます。1人を55kg
として計算し、通常は単位kgで表し
ます。

●総排気量

エンジンの大きさを表すのに用いられ
る数値で、数値が大きくなるほどその
車の馬力やトルク（ねじりの強さ）な
どが大きくなります。通常は単位ccで
表します。

●定格出力

電動モーターで走行する車の出力の大
きさを示す数値です。通常は、単位
kwで表します。

4．場所

●道路

・道路法で定める道路：高速自動車国
道、一般国道、都道府県道、市町村
道など

・道路運送法で定める自動車道：専用
自動車道など

・一般の人や車が自由に通行できる場
所：公園、校庭、空き地、私道、神
社仏閣の境内など※

（※）状況によって異なる場合があります。

●車道

車の通行のため縁石線、柵、ガード
レールなどの工作物や道路標示によっ
て区分された道路の部分をいいます。

●本線車道

高速自動車国道で通常高速走行する部
分や、自動車専用道路で通常高速走行

する部分のうち、加速車線、減速車線、登坂車線、路側帯や路肩を除いた部分をいいます。高速自動車国道と自動車専用道路をまとめて「高速道路」といいます。

●優先道路
「優先道路」の標識のある道路や交差点の中まで中央線や車両通行帯がある道路をいいます。

●車両通行帯・車線・レーン
車に対し、道路の定められた部分を通行するように標示によって示された道路の部分をいいます。

●軌道敷
路面電車が通行するために必要な道路の部分で、レールの敷いてある内側部分とレールの両側0.61mの範囲をいいます。

●路側帯
歩行者の通行のためや、車道の効用を保つため、歩道のない道路や片側に歩道がある道路は歩道のない側に、白線によって区分された道路の端の帯状の部分をいいます。

・路側帯

・駐停車禁止路側帯

・歩行者用路側帯

●安全地帯
路面電車に乗り降りする人や道路を横断する歩行者の安全を図るため、道路上に設けられた島状の施設や、標識と標示によって示された道路の部分をいいます。

●自転車道

自転車の通行のため縁石線、柵、ガードレールなどの工作物によって区分された車道の部分をいいます。

●自転車横断帯

標識や標示により自転車が横断するための場所であることが示されている道路の部分をいいます。

●横断歩道・自転車横断帯

標識や標示により歩行者と自転車が横断するための場所であることが示されている道路の部分をいいます。

●歩道

歩行者の通行のため縁石線、柵、ガードレールなどの工作物によって区分された道路の部分をいいます。

●歩行者用道路

歩行者の通行の安全を図るため、標識によって車の通行が禁止されている道路をいいます。

●横断歩道

標識や標示により、歩行者が横断するための場所であることが示されている道路の部分をいいます。

●交差点

十字路、T字路、その他2つ以上の道路の交わる部分をいいます。歩道と車道の区別のある道路では2つ以上の車道の交わる部分が該当します。

●勾配の急な坂

おおむね10%（約6℃）以上の勾配の坂をいいます。

5．工作物

●信号機

電気によって操作された灯火により、道路の交通に関し、交通整理などのための信号を表示する装置をいいます。

●標識

道路の交通に関し、規制や指示などを示す標示板のことをいいます。

●標示

道路の交通に関し、規制や指示のため、ペイントや鋲などによって路面に示された線や記号や文字のことをいいます。

6．動作

●運転
道路で、車や路面電車をその本来の用い方に従って用いることをいいます。

●徐行
車がすぐに停止できるような速度で進行することをいいます。一般的に、ブレーキを操作してから停止するまでの距離がおおむね1m以内の速度で、時速10km以下の速度であるといわれています。

●追い越し
車が進路を変えて、進行中の前の車などの前方に出ることをいいます。

●追い抜き
車が進路を変えないで、進行中の前の車などの前方に出ることをいいます。

●駐車
車などが客待ち、荷待ち、荷物の積み降ろし、故障その他の理由により継続的に停止することや、運転者が車から離れてすぐに運転できない状態で停止することをいいます。人の乗り降りや5分以内の荷物の積み降ろしのための停止を除きます。

●停車
駐車にあたらない車の停止をいいます。

7．社会問題

●交通公害
道路の交通が原因で生じる大気の汚染、騒音や振動によって、人の健康や生活環境に被害が生じることをいいます。

●著者紹介
一般社団法人 安全運転推進協会（あんぜんうんてんすいしんきょうかい）

2013年9月に、個人や組織を問わず、車両の安全運転に関する意識や行動や活動の向上を図ることにより安全運転を推進し、交通事故のない社会の実現に寄与することを目的に設立。その目的に資するため、交通事故防止研究の第一人者である九州大学名誉教授の松永勝也氏を理事に迎え事業を行っている。事業の1つとして、2013年10月から安全運転力を評価する安全運転能力検定を実施している。2021年3月現在、受検者数の累計は、3級で17万5千人、2級で1万4千人を数えている。

〒816-0952　福岡県大野城市下大利3-2-20
TEL:092-581-2232　　FAX:092-571-3223
http://safe-driving.or.jp/

安全運転能力検定2級・3級・4級公式テキスト

2021年7月20日　初版第1刷発行

著　者——一般社団法人 安全運転推進協会
　　　　　　Ⓒ 2021 Association for the Promotion of Safe Driving
発行者——張　士洛
発行所——日本能率協会マネジメントセンター
〒103-6009 東京都中央区日本橋2-7-1 東京日本橋タワー

TEL 03(6362)4339(編集)／03(6362)4558(販売)
FAX 03(3272)8128(編集)／03(3272)8127(販売)
https://www.jmam.co.jp/

装　　丁——後藤紀彦（sevengram）
本文ＤＴＰ——株式会社 RUHIA
印　　刷——広研印刷株式会社
製　　本——ナショナル製本協同組合

本書の内容に関するお問い合わせは、2ページにてご案内しております。

ISBN 978-4-8207-2910-5　C3065
落丁・乱丁はおとりかえします。
PRINTED IN JAPAN

運行管理者試験〈貨物〉
速習合格テキスト&問題集

武部宗晴　著

A5判・376頁+別冊16頁

運行管理者試験〈貨物〉の過去の出題データを徹底分析した内容と、運行管理者講習実績多数のベテラン講師による1問1答形式（問題＋解説）で、最短で合格レベルに引き上げます。図解入りのわかりやすい解説と、項目別にポイントがすぐわかる全34レッスン構成。徹底的に最短合格にこだわったつくりで、時間がない、独学で合格したい方に最適な1冊です。

ワークと自分史が効く!
納得の自己分析

岡本恵典　著

A5判・208頁+別冊24頁

本書は、自分史を通じ、納得と自信をもって就職活動に臨み、自分と企業にとって最高のマッチングを得て、幸せな（職業）人生を送るための書籍です。過去・現在・未来の自分史作りにより、自分がどういう人間で、どのような価値観を持ち、どのようなモチベーションで行動し、将来どのように生きたいかが、現役の就活生・面接官の生の声を聞く著者のナビゲートで明らかになります。一生役立つ別冊「自己分析ワーク／自分史シート」付きです。

日本能率協会マネジメントセンター